Dr. Josef Theo Hein

HOLZSCHUTZ

Holz und Holzwerkstoffe erhalten und veredeln

ROTO Fachbibliothek Band 2

Herausgegeben von der Informationsabteilung der
ROTO FRANK AG

1998

Wegra Verlag GmbH Tamm

ROTO BAUBESCHLAGTECHNIK. 1998 – DAS MAXIMALE IM BLICK.
Roto

BLICKEN SIE MIT UNS NACH VORNE. Unsere Innovationen, die seit über 6 Jahrzehnten immer wieder neue Maßstäbe setzen, geben uns großes Selbstbewußtsein für die Zukunft. Unsere Zielsetzung als führendes Unternehmen im Weltmarkt kann deshalb nur das Maximale und noch Bessere sein.

Auch künftig werden wir ungewöhnliche Wege beschreiten, um

die Baubeschlagtechnik für Fenster- und Fenstertüren weltweit nach vorne zu bringen. Im partnerschaftlichen Dialog entwickeln wir ebenso unkonventionelle wie optimale Lösungen. Für den Handel und für die Verarbeiter.

ROTO Baubeschlagtechnik steht nicht nur für Innovation und Sicherheit, sondern auch für eines der besten Teams von Konstrukteuren und Entwicklungsingenieuren. So können Sie auch 1998 wieder Lösungen von uns erwarten, die dem Markt neue Impulse geben und den Fensterbau in neue Dimensionen führen.

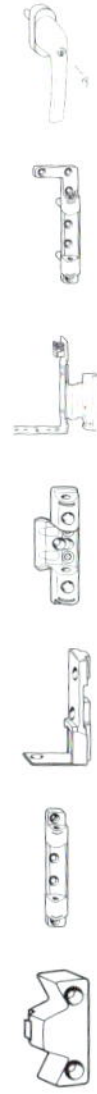

„Vom Marktführer können Sie die Sicherheit in Koordination, Strategie und Planung auch für den Markt von morgen jederzeit erwarten."
Gerhard Frank,
Vorstandssprecher
der ROTO FRANK AG.

„Wir beziehen die Zielsetzungen und Möglichkeiten unserer Kunden in unsere Produkt- und Marktkonzepte mit ein."
Rainer P. Kohn,
Geschäftsleiter
Baubeschlagtechnik
der ROTO FRANK AG.

ROTO FRANK AG
Stuttgarter Straße 145-149
70771 Leinfelden-Echterdingen
Telefon: 07 11/75 98-0
Telefax: 07 11/75 98-253
Internet: http://www.roto.de

Roto®

Editorial

Kaum ein Bauwerkstoff wird so oft und so vielfältig verwendet wie einer der ältesten überhaupt: das Holz. Kaum ein Bauwerkstoff steht aber auch so im Mittelpunkt der Diskussionen von Fachleuten und der Öffentlichkeit: „Holzschutz" ist das Stichwort für manche hitzige Debatte.

Der professionelle Verarbeiter - Fensterbauer, Schreiner oder Tischler, aber auch Zimmermann und Maler - steht dann oft vor einem Dilemma. Um in der Sprache des Holzverarbeiters zu bleiben: Es geht auch hier um die berühmte Maßhaltigkeit. Nämlich darum, das richtige Maß zu finden, um zwei Forderungen zu erfüllen: Die eine heißt „Es soll ewig halten", die andere „Aber bitte ohne Gift". Wir müssen beide Forderungen ernst nehmen und akzeptieren. Denn: Werterhalt ist der ureigenste Antrieb eines jeden Bauherren. Und: Wer sich hierbei für den gewachsenen biologischen Baustoff Holz entscheidet, will den bewußt gewählten natürlichen Charakter nicht durch belastende Stoffe zerstören.

Der Weg aus diesem Dilemma ist nicht einfach, aber möglich. Das zeigt dieses Buch. Auf dem modernsten Stand der Technik, der Erkenntnisse von Forschung und Analyse sowie mit den Erfahrungen aus der professionellen Praxis geschrieben, führt es den Holzverarbeiter und Anwender von Holzschutzmittel, Lasuren und Farben zu seinem Ziel: geschütztes (Bau-)Holz, das in Harmonie mit den Bewohnern weiterleben kann.

Gerd Heuser
ROTO FRANK AG Informationsabteilung

Ein Puzzle setzt sich aus vielen Einzelteilen zusammen. Für sich alleine genommen scheint jedes einzelne davon keinen Sinn zu ergeben. Seine Funktion erhält es erst im Gefüge mit allen anderen Einzelteilen: Nur wenn alle vollständig und richtig zusammengelegt sind, entsteht das gewünschte Bild. Fehlt ein Teil, bleibt das Bild unvollendet. Wird ein Teil falsch angelegt, bricht das Gefüge zusammen: Auch die anderen Teile finden nicht den richtigen Anschluß. Wie ein Puzzle besteht auch der Holzschutz aus vielen Teilen: Stimmt eine Teilmaßnahme nicht, werden die anderen nutzlos.

Jürn Ehlers, Holzbildhauer aus Greifenberg am Ammersee, hat bei der Gestaltung dieser Holztür für ein Kindertagesheim in Pirna das Puzzle-Motiv aufgenommen. An den massiven Fichte-Puzzleteilen im Türblatt hat der Künstler demonstriert, wie man mit farbigen Lasuren die Holzoberfläche nicht nur gegen mechanische Beschädigungen schützen, sondern gleichzeitig auch kreativ gestalten kann.

UNSER TITELBILD

zeigt ein Detail aus diesem künstlerischen Werk.

Teil 1: Holz und Holzwerkstoffe

Teil 2: Holzschutz

Teil 3: Holzbeschichtungen

Teil 4: Konkrete Anwendungen

Anhang

Teil 1: Holz und Holzwerkstoffe

Holz - ein natürlicher Baustoff

Holz ist ein über Millionen von Jahren bewährtes „Recyclingprodukt“: Im natürlichen Kreislauf folgt dem Leben das Sterben und wieder das Leben. Diese Zyklen sind eng miteinander verknüpft. Verfault und vermodert das Holz, so gibt es den Nährboden für neue Pflanzen und Bäume.

Wird ein Baum gefällt und sein Holz als Werkstoff zum Hausbau, für Möbel, Türen oder Fenster verwendet, wird der natürliche Kreislauf unterbrochen. Für das Holz beginnt hier ein neues, das zweite Leben.

Die Recyclingpartner des natürlichen Kreislaufs werden auf einmal zu Feinden. Jetzt braucht das Holz Schutz. Denn auch das zweite Leben soll möglichst lange dauern.

In diesem Buch wird der richtige Schutz und die sachgerechte Erhaltung von Holz erläutert, damit Verarbeiter und Verwender länger und mehr Freude mit dem natürlichen Werkstoff und Baustoff Holz haben.

Um aber die Logik der Wirkung des konstruktiven, physikalischen, biologischen und chemischen Holzschutzes zu verstehen, ist es erforderlich, sich zuerst mit dem Aufbau des Holzes und insbesondere des Baumstammes sowie mit den Funktionen der einzelnen Baumbestandteile zu befassen.

Die Stabkirche in Lom (Norwegen) trotzt schon acht Jahrhunderte lang unbeschadet dem Wetter.
Wie ein solcher Langzeitschutz für Holz möglich ist, wird im Kapitel „Baulicher Holzschutz“ erläutert.

Anatomie des Holzstammes

Die natürliche Dauerhaftigkeit des Holzes hängt sowohl von der Baumart (Hartholz, Weichholz, Exotenholz) als auch von der Holzart (Splintholz, Kernholz usw.) ab. Diese unterschiedlichen Holzarten befinden sich innerhalb eines Baumstammes, der in der Regel aus fünf übereinanderliegenden Schichten besteht.

Der äußere Teil, die **Borke** oder **Rinde** ❶, schützt den Baum vor mechanischen Beschädigungen, Austrocknung und biologischem Angriff. Damit das verbaute Holz auch ohne die Rinde geschützt ist, muß diese Schutzfunktion durch eine künstliche Haut, z. B. einen Anstrich mit Lasuren oder Holzfarben, erreicht werden.

Die nächste Schicht ist der **Bast** ❷. In dieser inneren Rinde werden die Nährstoffe aus der Baumkrone nach unten in die Wachstumsschicht transportiert und über die Markstrahlen verteilt. Die Baumkrone mit ihren Blättern oder Nadeln ist ein gigantisches Kraftwerk, das auf photochemischem Wege die Energie der Sonne nutzt, aus Wasser, Mineralstoffen und Kohlendioxid der Luft Nährstoffe produziert und im Gegenzug die Luft mit Sauerstoff anreichert. Menschen und Tiere sowie unsere technisierte Umwelt mit Heizungen, Kraftwerken und Autos benötigen diesen Sauerstoff und wandeln ihn in Kohlendioxid um, das dann im Kreislauf wieder von den Bäumen zu Sauerstoff umgewandelt wird.

Weiter innen befindet sich das **Kambium** ❸, eine teilfähige Wachstumsschicht, die nach innen neues Holz bildet und nach außen neue Rinde.

Die darunterliegende Schicht, das **Splintholz** ❹, transportiert unter Ausnutzung der Kapillarkraft das Wasser mit den Mineralstoffen von den Wurzeln in die Baumkrone, und dies über 20 bis 30 Meter und höher. Würde der Wassertransport nur auf der Ausnutzung des Luftdrucks - wie bei dem Ansaugen einer Wasserpumpe - basieren, so könnte ein Baum nicht höher als zehn Meter wachsen. Erst die Kapillarkräfte und die Kräfte der Oberflächenspannung des Wassers ermöglichen mit der Feinstruktur des Holzes das Wunder, daß Baumriesen entstehen. Das Splintholz hat sehr großvolumige Zellen und zeichnet sich durch eine starke Saugfähigkeit aus. Diese besondere Zellenstruktur gibt dem Splintholz seine typischen Eigenschaften wie geringere Festigkeit gegenüber dem Kernholz, starke Saugfähigkeit, geringere Wetterbeständigkeit und geringere Resistenz gegen Pilz- und Insektenbefall. Deshalb haben Schreiner und Möbeltischler schon seit Jahrhunderten bei der Fertigung von Möbeln aus Eichenholz stets das Eichensplintholz entfernt.

Die innerste Schicht, das **Kernholz** ❺, hat die Funktion des tragenden Skelettes im Baum. Die Saft- und Wasserführung verlangsamt sich mit zunehmendem Baumalter, denn durch die Einlagerung von Gerb- und Farbstoffen, Harz, Wachs, Fett usw. sind die Zellen im Kernholz verhärtet („verkernt"). Das schwere und feste Kernholz ist weniger saugfähig und hat eine bessere Wetterbeständigkeit sowie größere Resistenz gegenüber einem Angriff von Pilzen und Insekten.

Im Zentrum des Stammes ist das **Mark**, ein lockerer lufthaltiger Zellenverbund. Dieser ist sehr weich und wenig dauerhaft. Beim Schneiden des Holzes wird dieser Teil entfernt.

Hölzer und Bäume: Arten und Eigenschaften

Nach ihrem Holz lassen sich die Bäume grundsätzlich in drei Typen einteilen.

Ist das dunkle Kernholz als farbliche Abgrenzung zum hellen Splintholz sichtbar, so spricht man von einem **Kernholzbaum** (Eiche, Esche, Kirschbaum, Kiefer, Lärche, Douglasie, Pitch Pine, Western Red Cedar).

Ein **Reifholzbaum** (Buche, Erle, Fichte, Tanne, Hemlock) bildet verkerntes Holz, das sich im Querschnitt jedoch nicht farblich von Splintholz abhebt.

Bildet ein Baum kein Kernholz, sondern nur helles Splintholz, so handelt es sich um einen **Splintholzbaum** (Ahorn, Birke, Hainbuche). Das Splintholz saugt bei der Verarbeitung als Bauholz mehr Imprägnierflüssigkeit, Lasuren und Farben auf als Kernholz.

Um den richtigen Schutz des Holzes zu erreichen, muß deshalb die Holzart beachtet werden. Diese bestimmt die notwendige Schutzstärke, den Biozideinsatz und die Aufbringmengen.

Die technischen Eigenschaften des Holzes wie **Verformbarkeit, Elastizität** und **geringe Wärmeleitfähigkeit** machen diesen Werkstoff für viele Einsatzbereiche äußerst interessant. Bestimmte Anforderungen können durch die richtige Wahl der Holzart optimal erfüllt werden. Hohe **Elastizität**, z. B. bei Sportgeräten gefordert, kann durch die Verwendung von Eukalyptus-, Hickory-, Eschen- und Lärchenholz erreicht werden. Holz hat bei geringem Gewicht gute statische **Trageigenschaften**. Selbst im Brandfall behält es je nach Dimension länger die Tragfähigkeit als Stahl, der weich wird und ohne Vorwarnung einknickt. Deshalb erfüllt Holz auch in tragenden Konstruktionen eine wichtige Aufgabe. Die **Druckbelastungsfähigkeit** des Holzes ist für Fußböden wichtig. Weichhölzer werden durch Absätze und Stuhlbeine stärker beschädigt als Hartholz.

Eine weitere Einteilung der Bäume erfolgt nach **Nadel- und Laubholz.** Hier zeigen sich besonders große Unterschiede in der Beständigkeit, Verarbeitbarkeit und Imprägnierbarkeit. Sie sind durch den unterschiedlichen Zellaufbau bedingt.

Nadelhölzer sind entwicklungsgeschichtlich die älteren Holzpflanzen und haben einen relativ einfachen und regelmäßigen Zellaufbau. Nadelholz hat langgestreckte Zellen bis 5 mm Länge und bis zu 50 µm Durchmesser.

Holzzellstruktur (1 mm³) bei Nadelholz: überwiegend gleichartige Zellen

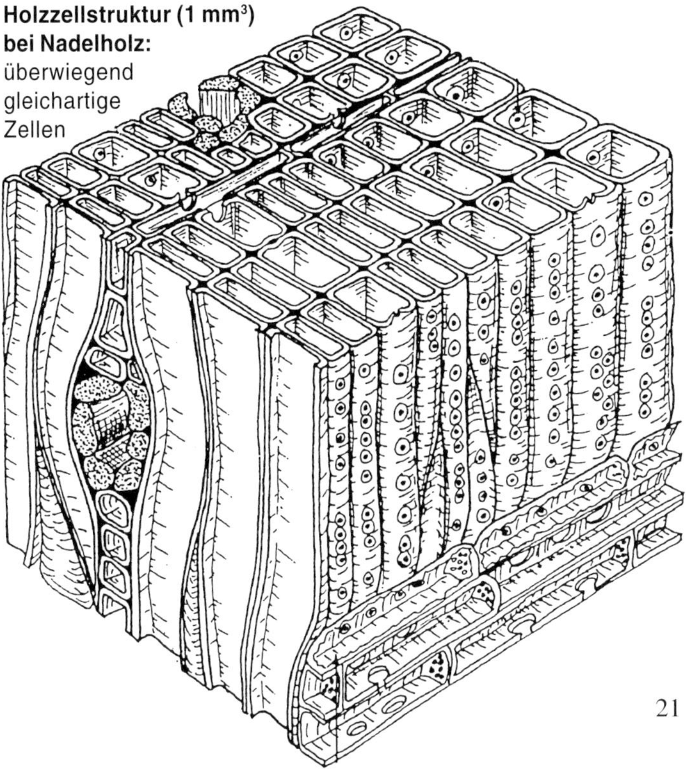

Die beim **Laubholz** im Frühjahr gebildeten Zellen - Gefäße oder Tracheen genannt - haben eine Länge von 0,1 bis 0,7 mm und einen Durchmesser von 10 bis 350 µm. Diese Zellen haben sehr dünne Zellwände mit großem Hohlraum. Die Laubhölzer sind durch diese Gefäße (Poren) gekennzeichnet, die die Wasserleitungsfunktion ausüben.

Je nach Verteilung und Größe der Gefäße über den Jahresring hinweg werden unterschieden:

- **ringporige Hölzer** (Eiche, Esche, Rüster, Robinie, Edelkastanie) mit stärkerem Wachstum im Frühjahr
- **halbringporige Hölzer** (Nußbaum, Kirschbaum, Zwetschgenbaum) mit Gefäßwachstum nur im Frühjahr oder im Herbst
- **zerstreutporige Hölzer** (Ahorn, Birnbaum, Erle, Pappel, Rotbuche, Weide, Hainbuche und viele Tropenhölzer) mit Gefäßwachstum über die gesamte Wachstumsperiode verteilt

Holzzellstruktur (1 mm³) bei Laubholz:
große Vielfalt spezialisierter Zellen

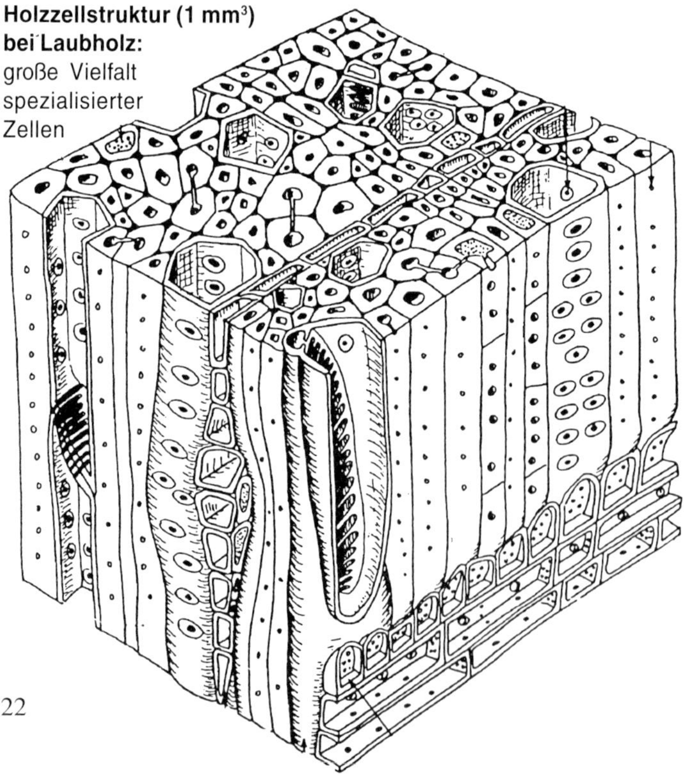

Mikroskopischer Zellaufbau

Im Frühjahr und Sommer treibt der Baum und wächst. Es bilden sich weitlumige Zellen, die das **Frühholz** kennzeichnen. Im Herbst und Winter ist das Wachstum des Baumes eingeschränkt. Es bilden sich englumige **Spätholzzellen**. Im Querschnitt des Baumstammes entstehen zentrische Kreise mit hellem Frühholz und dunklem Spätholz - die **Jahresringe**. Sie sind der Kalender des Holzes. An ihnen sind die äußeren Bedingungen wie Klima, Umweltbelastungen und Schädlingsbefall sichtbar: Der Baum erzählt seine vollständige Lebensgeschichte. Bei Exotenhölzern, die nicht in den für unser Klima typischen Jahreszeiten wachsen, fehlen oft diese klaren Jahresringe.

Die Holzzellen unterscheiden sich in der Aufnahmefähigkeit von Holzschutzmitteln, Lasuren oder Farben. Auf dem Spätholz verkrallt sich eine Beschichtung nicht so gut wie auf dem Frühholz. Deshalb wittert eine Lasur auf dem Spätholz schneller ab als auf dem Frühholz.

Laubhölzer haben eine größere Vielfalt spezialisierter Zellen als Nadelhölzer. Die wesentlichen Zellen und Funktionen sind jedoch gleich. **Leitzellen (Tracheen)** sind röhrenartige Zellen, die die Wasserleitungsfunktion übernehmen. In den **Siebröhren** werden die Aufbaustoffe von der Krone bis zu den Wurzeln befördert. Diese Leitzellen sind im Hirnholz (Querschnitt) als **Poren** sichtbar.

Speicherzellen (Parenchymzellen) dienen als Einlagerung von Aufbaustoffen in allen Holzteilen des Baumes. Diese gespeicherten Stoffe benötigt der Baum im Frühjahr zum Austrieb der Knospen und Blüten.

Laubhölzer haben **Stützzellen (Sklerenchymfasern)**. Sie bilden die Hauptmasse des Holzes. Nadelhölzer besitzen **Tracheiden**, die sowohl die Stützfunktion als auch die Wasserleitungsfunktion übernehmen. Tracheen, Tracheiden und Speicherzellen haben in ihren Wandungen elliptisch geformte und runde Öffnungen. Diese **Tüpfel** oder **Hoftüpfel** haben eine feine Membrane, die osmotisch den Nährstoffaustausch quer zu den Zellen vornimmt.

Ein Holzfaß ist dicht, weil die Flüssigkeit durch Kapillarwirkung nur in der Holzfaserrichtung transportiert wird. Quer zur Holzfaserrichtung ist kein kapillarer Transport möglich. Hier ist ein Austausch nur durch Diffusion, also gasförmig oder osmotisch über die Hoftüpfel gegeben. Deshalb kann Holz über Hirnholz viel mehr Feuchtigkeit aufnehmen, als durch Dampfdiffusion aus dem Holz entweichen kann. Die Zellwände haben eine fibrilläre Struktur und tragen dadurch zu einer großen inneren Oberfläche des Holzes bei.

1 cm^3 Holz hat etwa 1000 cm^2 innere Oberfläche der Zellhohlräume und eine durchschnittliche Oberfläche der Strukturelemente in der Zellwand von etwa 2 Millionen cm^2. Aus diesem Grund hat Holz diese starke Saugwirkung. Leichte Holzarten haben einen höheren Anteil an Zellhohlräumen, schwere Holzarten dagegen einen größeren Anteil an Zellräumen.

Chemische Bestandteile

Holz besteht vor allem aus **Lignin** als „Beton / Zement" (15 bis 40% der Holzsubstanz) und **Zellulose** als „Armierung / Stahl" (40 bis 60%). Weiterhin gehören **Hemizellulose** (15 bis 20%) sowie **Zucker, Stärke, Eiweiß** und **Mineralstoffe** (zusammen 2 bis 8%) zur Holzsubstanz. All diese Bestandteile sind dem Angriff der Feinde des Holzes ausgesetzt.

Der größte Feind von Lignin ist die Sonne. Würde das Bauholz nicht durch UV-schützende Beschichtungsstoffe geschützt werden, würde das UV-Licht das Lignin abbauen und das Holz vergrauen.

Stärke, Zucker und Eiweiß sind bevorzugte Nahrung von Insekten. Ist das verbaute Holz älter als 60 bis 70 Jahre, sind Stärke und Zucker bereits chemisch umgesetzt, so daß Insekten keine ausreichende Nahrung mehr finden. Altes Holz ist also bei sachgerechter Verwendung weitestgehend beständig gegen einen Insektenangriff.

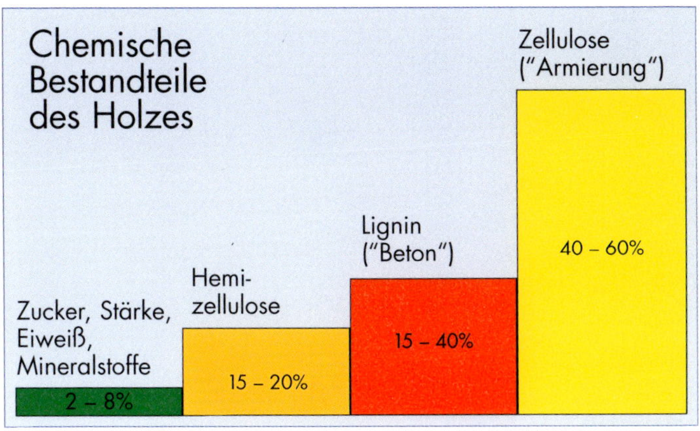

Massivholz

Schnittholz

Beim Hausbau wird Schnittholz in vielfältigster Weise verwendet:

- Balken ab 20 cm Querschnitt
- Kantholz ab 6 cm Querschnitt
- Bohlen ab 4 cm Dicke
- Bretter ab 8 cm Breite
- Latten Fläche unter 32 cm^2 bei maximal 8 cm Breite

Rohbretter werden durch Hobeln und Fräsen in unterschiedliche Lieferformen gebracht. Dadurch können sie auf vielfältige Art zusammengefügt werden.

Die heute hauptsächlich verwendeten Profilbrettarten für eine Holzvertäfelung oder Holzschalung:

gespundet

gefast

gefalzt

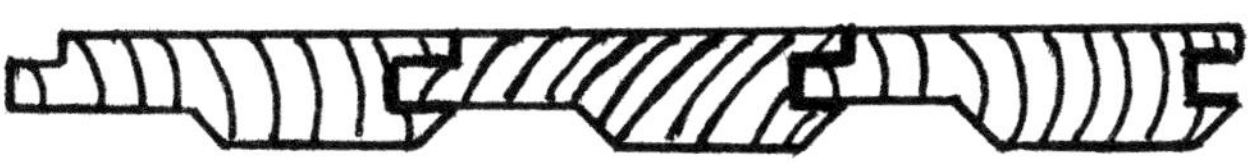

Schattennut

Holzmaserung

Je nach Schnittrichtung zeichnet sich das Holz durch unterschiedliches Aussehen der **Maserung** aus.

Der **Quer-** oder **Hirnschnitt** macht den ringförmigen Aufbau des Holzes sichtbar. ▶

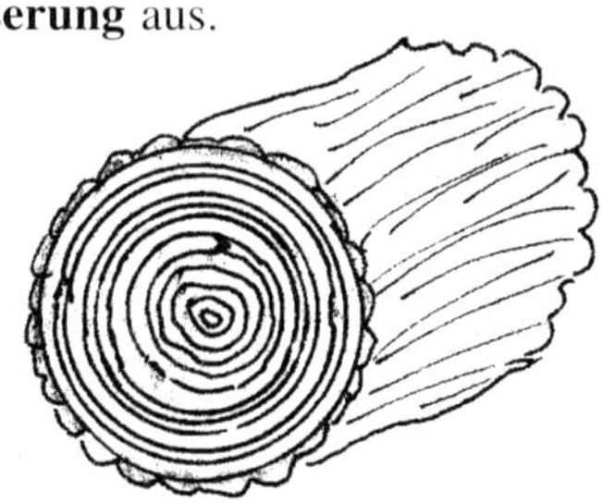

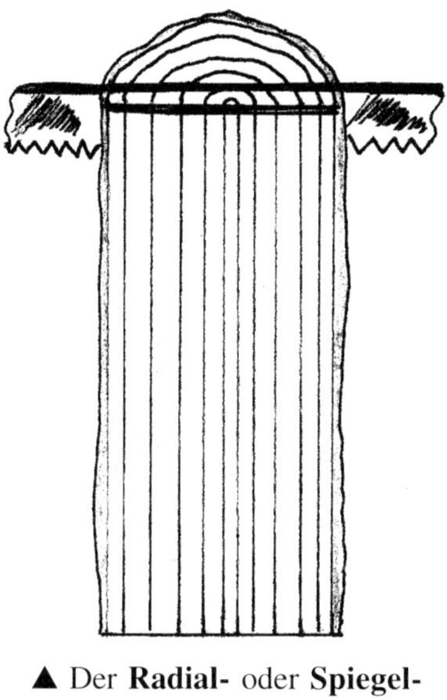

Der **Sehnen-** oder **Fladerschnitt** geht in Richtung Längsachse - aber nicht genau durch die Mitte des Stammes. Da sich der Stamm mit seinen Jahresringen nach oben verjüngt, entstehen als Maserung langgezogene Parabeln als die für das Holz typische Fladerung. ▼

▲ Der **Radial-** oder **Spiegelschnitt** geht als Längsschnitt genau durch die Stammitte. Die Jahresringe erscheinen als annähernd parallele Streifen. Die Markstrahlen wirken bei einigen Holzarten als blanke, glänzende Flächen (Spiegel) quer zu den Jahresringen.

Feuchtegehalt

Die reine Holzsubstanz beträgt beim frisch geschlagenen Holz nur ein Drittel der Masse. Zwei Drittel sind Wasser und Luft. Ein Teil des Wassers befindet sich in den Zellhohlräumen und wird als **freies Wasser** bezeichnet. Der andere Teil des Wassers ist in den Zellwandungen vorhanden und wird als **gebundenes Wasser** bezeichnet. Wenn das freie Wasser verdunstet ist und nur noch die Zellwandungen Wasser enthalten, spricht man von der **Fasersättigung** (23 - 35% Holzfeuchte). Bei der Abgabe des freien Wassers ändert sich das Volumen des Holzes nicht. In dieser Trockenphase treten keine Schwindrisse auf.

Die Holztrocknung ist von der Holzart und vom Querschnitt abhängig. Eichenholz beispielsweise trocknet von außen nach innen etwa 1 cm pro Jahr. Ein Eichenbalken von 40 cm Durchmesser braucht also 20 Jahre bis zur Ausgleichsfeuchte.

Die **Ausgleichsfeuchte** ist der Feuchtegehalt des Holzes, der sich als Gleichgewicht mit den Umgebungsbedingungen wie Temperatur, Luftfeuchtigkeit und Wasserbelastung einstellt. Auch das äußere Klima hat einen Einfluß auf die Ausgleichsfeuchte. Holz im Seeklima weist eine durchschnittlich höhere Ausgleichsfeuchtigkeit auf als Holz im Binnenland.

Bestimmung der Holzfeuchte

Die Holzfeuchte wird in % als Verhältnis der im Holz enthaltenen Feuchtigkeitsmenge zum absoluten Trockengewicht (Darrgewicht des Holzes) angegeben:

$$\text{Holzfeuchte in \%} = \frac{\text{Feuchtigkeit in g}}{\text{absolut trockenes Holz in g}} \bullet 100\%$$

In der Laborpraxis wird ein Stück Holz gewogen, anschließend im Wärmeschrank erhitzt (gedarrt), wieder gewogen und der prozentuale Quotient des Gewichtsverlustes zum Darrgewicht berechnet.

Die heute eingesetzten elektrischen Holzfeuchtemeßgeräte messen den Feuchtigkeitsgehalt über den elektrischen Widerstand des Holzes. Dazu werden zwei Meßdorne mindestens 5 mm tief in das Holz eingestochen. Die Genauigkeit dieser indirekten Methode hängt von vielen Parametern wie Holzart und Lufttemperatur ab, ist aber für die Praxis ausreichend.

Quellen und Schwinden

Schwankungen der Holzfeuchte verändern das Volumen des Holzes dramatisch. Holz quillt bei Feuchtigkeitsaufnahme **(Volumenvergrößerung)** und schwindet bei Feuchtigkeitsabgabe **(Volumenverkleinerung)**. Die Folge ist, daß das Holz reißt.

Als ein inhomogener Baustoff hat Holz in den unterschiedlichen Raumrichtungen auch ein unterschiedliches Quell- und Schwindverhalten.

Maximale Maßänderungen von Fichtenholz durch Schwinden und Quellen

Hauptrichtung	praxisübliche Abmessung	Δ L	Δ L/L
axial	2,00 - 2,50 m	2 - 10 mm	0,1 - 0,4%
radial	0,15 - 0,20 m	5 - 12 mm	3,6 - 5,8%
tangential	0,15 - 0,20 m	1 - 24 mm	7,4 - 11,8%

Quer zur Faserrichtung (radial, tangential) schwindet das Holz viel stärker als in der Faserrichtung (axial). Auswirkungen des Schwindens, wenn Holz mit höherer Feuchte eingebaut wird, als es nachher bei der Nutzung aufweist, sind bei alten Holzdielenböden deutlich sichtbar. Dort werden Fugenbreiten bis 10 mm gefunden.

Wird feuchtes, neues Holz als Hobeldielenfußboden verbaut und anschließend mit einem wasserbasierten Parkettlack versiegelt, bevor sich die Ausgleichsfeuchte während der Heizperiode eingestellt hat, so kann es zu Kantenverleimung mit anschließender Abrißfuge kommen. Vier bis fünf Bretter bilden eine dicht verlegte Fläche. Anschließend entsteht eine breite Fuge von bis zu 20 mm. Werden diese Bretter vor dem Verlegen versiegelt, so können sie sich bewegen, und es entsteht ein gleichmäßiges Fugenbild. Werden diese Bretter mit Öl oder mit Wachs behandelt, oder erst nach dem Erreichen der Nutzungsfeuchte beschichtet, so tritt dieses Phänomen nicht auf.

Reißen und Werfen

Halbschnitt-Kanthölzer aus frischem Holz neigen nach der Trocknung immer zur **Rißbildung**. Die Rißbildung entsteht stets auf der dem Kern gegenüberliegenden Seite. Bei Kreuzholz mit Kern in einer Ecke bleiben die anliegenden Seiten gewöhnlich frei von Rißbildung. Werden Kanthölzer nach außen hin verbaut, so ist darauf zu achten, daß eine Kernseite immer nach oben bzw. nach außen zeigt. Dadurch wird das Eindringen von Regenwasser über Risse vermieden, und die Holzsubstanz bleibt intakt und trocken.

Die Montage der Holzseite

beschichtungs-technisch gut:

beschichtungs-technisch schlecht:

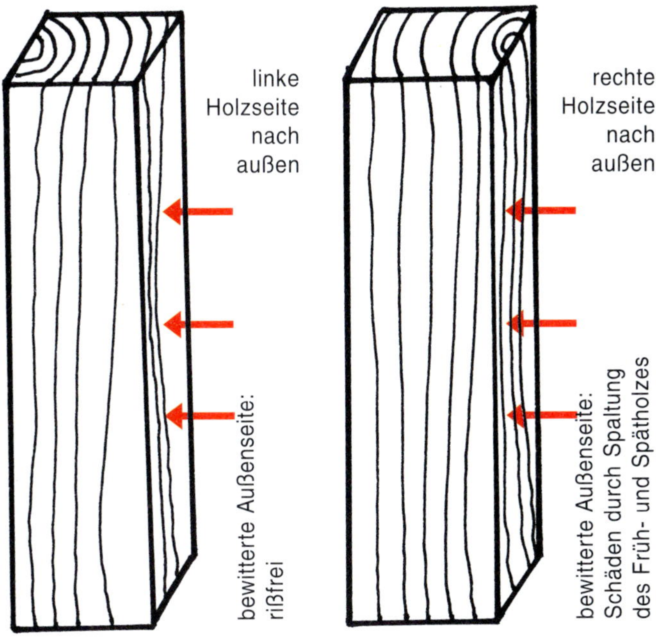

Werden linke und rechte Seite abwechselnd montiert, so können Unterschiede in der Anfärbung und Abwitterung entstehen, die zu einem streifigen Aussehen führen.

Beim **Schwinden** verformen sich Bretter und Bohlen stets so, daß die rechte Seite rund und die linke Seite hohl wird.

Drehwüchsiges Holz verdreht sich beim Trocknen wie eine Spirale. Dies wird als **Werfen** des Holzes bezeichnet.

Holztechniker bevorzugen aus befestigungstechnischen und holzoptischen Gründen gerne die rechte Seite als Außenseite, was aber zu einer starken Belastung für die Beschichtung führt. Wird die dem Holzkern abgewandte (linke) Seite gehobelt und nach außen verbaut, so ist dies unter beschichtungstechnischen Gesichtspunkten günstiger. Die (rechte) Seite, die zum Holzkern hinzeigt, neigt zur Rißbildung zwischen Frühholz und Spätholz. Wird sie nach außen verbaut und beschichtet, so entstehen durch die Quell- und Schwindbewegungen Risse im Anstrich, und Anstrichschäden wären die Folge.

Die rechte Seite ist in der Regel die schönere, ausdrucksstärkere und bringt im Innenausbau das Holz erst richtig zur Geltung. In diesem Anwendungsfall spielt die beschichtungstechnische Wetterbeständigkeit jedoch keine Rolle.

Heute werden werkseitig beide Seiten gehobelt, so daß der Verarbeiter diese Unterschiede berücksichtigen muß.

Imprägnierungen und Beschichtungen verringern die Wasseraufnahme des Holzes. Dadurch werden auch die Quell- und Schwindbewegungen reduziert. Besonders wichtig ist diese Behandlung bei maßhaltigen Bauteilen wie Fenstern und Türen, da diese sonst klemmen oder undicht würden. Wie wirksam die Wasseraufnahme durch Oberflächenbehandlung (Beschichtungsysteme) reduziert werden kann, zeigt das Diagramm.

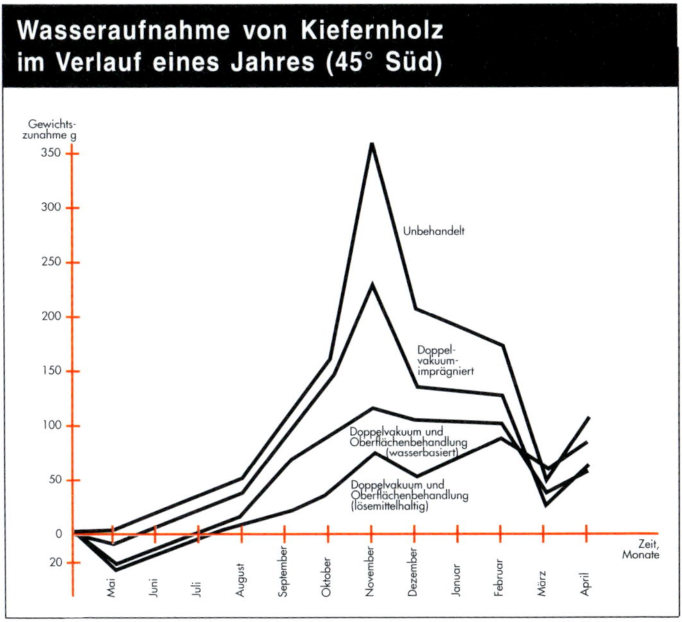

Wasseraufnahme von Kiefernholz im Verlauf eines Jahres (45° Süd)
Gewichts-zunahme g
350
300
250
200
150
100
50
0
20
Unbehandelt
Doppel-vakuum-imprägniert
Doppelvakuum und Oberflächenbehandlung (wasserbasiert)
Doppelvakuum und Oberflächenbehandlung (lösemittelhaltig)
Mai
Juni
Juli
August
September
Oktober
November
Dezember
Januar
Februar
März
April
Zeit, Monate

Schwinden, Quellen, Reißen, Werfen: schematische Darstellung der Schnitte aus einem Baumstamm

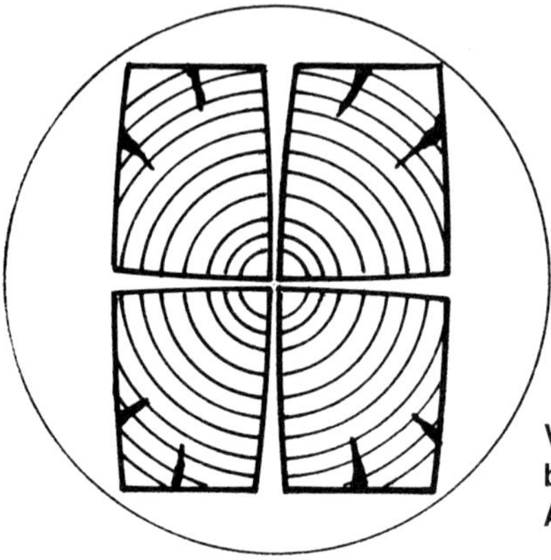

Verformung und Rißbildung bei Kreuzholz nach der Austrocknung.

Bei Kreuzholz mit dem Kern in einer Ecke bleiben in der Regel die anliegenden Holzseiten frei von Rissen.

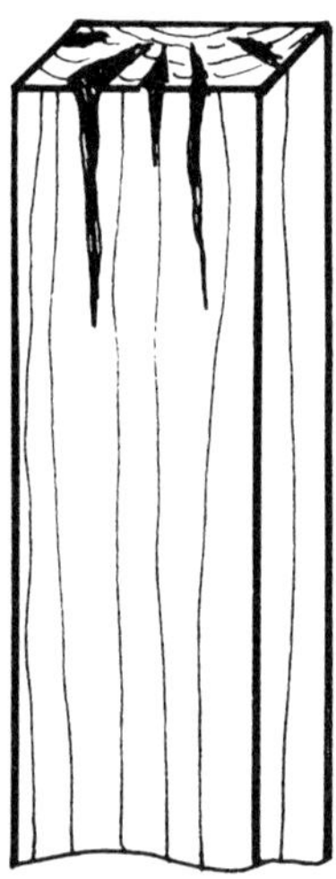

Hirnholz trocknet rascher aus als die anderen Holzseiten. Dadurch entstehen strahlenförmige Risse, die vom Hirnholz ausgehen.

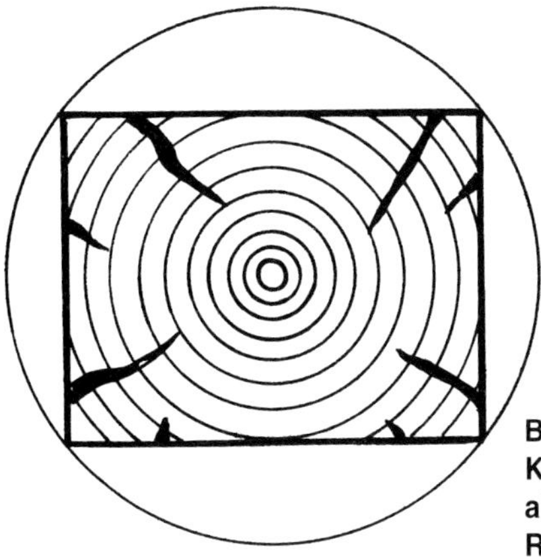

Beim Einbaumschnitt mit dem Kern in der Mitte entsteht von allen Seiten ein sternförmiges Rißbild.

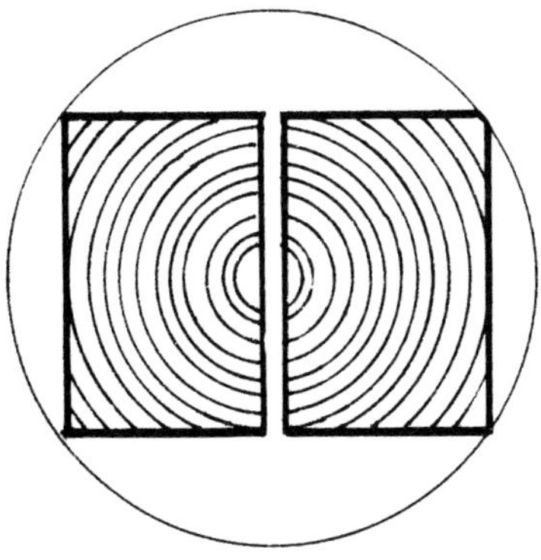

Halbschnitt Kanthölzer unmittelbar nach Fällung und Schnitt.

Halbschnitt Kanthölzer nach mehreren Monaten: gerissen, geworfen und gedreht.

Holzwerkstoffe

Neben den Vollhölzern werden für Konstruktionen am Bau auch Holzwerkstoffe verwendet. Ihr Vorteil ist das geringe Schwinden und Quellen.

Holzwerkstoffe sind aus Holzlagen gleicher oder unterschiedlicher Dicke aufgebaut, aus Holzspänen oder Holzfasern verleimte und verpreßte Platten oder Formteile.

Bei Konstruktionen mit Holzwerkstoffen muß immer der Einsatzbereich und der konstruktive/physikalische Holzschutz beachtet werden; dies gilt besonders bei der Verwendung von Holzwerkstoffen im Außenbereich. Die Einsatzgebiete ergeben sich aus den Verleimungsarten:

Bau-Furnier-Sperrholz	Sperrholz für allg. Zwecke	Spanplatten	Eigenschaften
BFU 20	**IF**	**V 20**	Verleimung beständig gegen niedrige Luftfeuchtigkeit und kurzzeitige Einwirkung von kaltem oder lauwarmem Wasser
BFU 100	**AW**	**V 100**	Verleimung beständig gegen hohe Luftfeuchtigkeit, heißwasserfest und (begrenzt) wetterbeständig
BFU 100 G		**V 100 G**	Verleimung beständig gegen hohe Luftfeuchtigkeit, heißwasserfest und (begrenzt) wetterbeständig; fungizider Schutz

BFU = Bau-Furnier-Sperrholz; **IF** = innen feuchtfest; **AW** = außen wetterbeständig; **V** = Verleimung; **20, 100** = Festigkeiten der Verleimung; **G** = fungizider Zusatz gegen holzzerstörende Pilze

Sperrholz und Spanplatten

Bei Spanplatten sind die eingesetzten Holzspäne so weit zerkleinert, daß sich die vielen Eigenbewegungen des Holzes gegenseitig aufheben. Beim Sperrholz werden durch die kreuzweise Verleimung hohe Festigkeitswerte in Längs- und Querrichtung erreicht. Bei beiden Plattentypen entsteht dadurch eine große Formstabilität.

Sperrholzplatten und Spanplatten haben bei der Verwendung im Außenbereich den Nachteil, daß bei allen vier Schnittkanten Hirnholz freiliegt. Dadurch kann Wasser in die oberste Schicht unter die Beschichtung wandern und dort eine Fleckenbildung der oberen Decklage bewirken.

Da sowohl bei Spanplatten als auch Sperrhölzern die unterschiedlichen Holzrichtungen kombiniert sind, werden die Volumenänderungen durch den Klebstoff aufgefangen.

Der Anteil des Klebstoffs an einer **Spanplatte** beträgt ca. 10%.

Übliche Klebstoffe sind:

- Harnstoff-Formaldehyd-Leimharze
- Melamin-Formaldehyd-Leimharze
- Phenol-Formaldehyd-Leimharze
- Diisocyanatklebstoffe

Bei der Aushärtung der Harze wird unter anderem Formaldehyd freigesetzt, das als schleimhautreizend gilt und bei lang anhaltender Reizung in hoher Dosierung krebserregend sein kann.

Deshalb werden Spanplatten nach ihrem Formaldehydgehalt in die Klassen E1, E2 und E3 eingeteilt:

	Emissionsklassen		
	E1	E2	E3
freier Formaldehydgehalt	unter 0,01%	0,01% bis 0,03%	unter 0,06%

Für Möbel und Innenausbau dürfen nur Spanplatten der Emissionsklasse E1 oder solche E2- und E3-Platten, die durch eine Beschichtung oder einen Überzug den Grenzwert der E1-Platte einhalten, verwendet werden. Letztere werden als E2-1 bzw. E3-1 gekennzeichnet.

Einsatz von Holzwerkstoffen in Bauwerken

Anwendungsbereiche	**Holzwerkstoffe Klasse**
Raumseitige Bekleidung von Wänden, Decken und Dächern in Wohngebäuden allgemein	20
Obere Beplankung, tragende, aussteifende Schalung unter Decken belüftet, nicht belüftet unter nicht ausgebauten Dachgeschossen	20
ohne ausreichende Dämmschicht	100
mit ausreichender Dämmschicht	20
Außenbeplankung von Außenwänden	100
Vorhangschale, Wetterschutz durch wasserableitende Beplankung	100
Obere Beplankung von Dächern tragend oder aussteifend	20
Obere Beplankung ohne aufliegende Wärmedämmschicht	100 G
geneigtes Dach mit Dachdeckung	100
Flachdach mit Dachabdichtung oder nicht belüftete Hohlräume mit Folie abgedeckt bzw. keine dampfsperrende Schicht unterhalb der Beplankung	100 G

(nach DIN 68 800, Teil 2; Auszug)

OSB-Platten (Oriented Strand Board)

Bei den OSB-Platten werden die positiven Eigenschaften der Spanplatte und der Sperrholzplatte kombiniert. Es werden große Späne bis 10 cm Länge orientiert, verleimt und verpreßt. Der Vorteil dieser Platten ist eine außerordentlich hohe Bruchfestigkeit und Elastizität gepaart mit einer hohen Feuchtigkeitsfestigkeit. Deshalb werden OSB-Platten oft im Fertighausbau verwendet.

Folgende Klassen werden im Entwurf einer neuen Europa-Norm (EN) unterschieden:

OSB-Klassen im EN-Entwurf	
Klasse	**Einsatzbereich**
OSB / 1	Trockenbereich wie Inneneinrichtungen, Möbel
OSB / 2	tragende Bauteile im Innenbereich
OSB / 3	tragende Bauteile im Fluchtbereich
OSB / 4	hochbelastbare tragende Bauteile im Feuchtbereich

Brettschichtholz

Zu Brettschichtholz zählen Holzwerkstoffe, die aus zusammengeleimten, gehobelten Brett- und Bodenlamellen gleicher Breite bestehen. Durch eine üblicherweise angewandte Keilzinkenverbindung können Bretter angefügt werden, so daß Bauelemente in nahezu jeder beliebigen Höhe und Länge hergestellt werden können.

Diese Bauweise hat sich heute bei vielen Bauwerken durchgesetzt. Durch die richtungsbetonte Schichtung werden große Festigkeitswerte in Richtung des Faserverlaufs erreicht, die weit über der Festigkeit des Vollholzes liegen. Die natürliche Dauerhaftigkeit gegenüber holzzerstörenden oder holzverfärbenden Pilzen entspricht der Beständigkeit der verwendeten Hölzer. Ein Insektenbefall ist bis heute nicht bekannt geworden.

Tischlerplatten

Tischlerplatten sind eine Kombination aus Sperrholz und dazwischen verleimten Holzstäbchen. Dieser Plattentyp wird heute als **Bau-Stab-Sperrholz (BST)** bzw. **Bau-Stäbchen-Sperrholz (BSTAE)** bezeichnet und entsprechend der Beständigkeit eingesetzt:

Bau-Stab-Sperrholz (BST) Bau-Stäbchen-Sperrholz (BSTAE)	Eigenschaften
BST 20 / BSTAE 20	Verleimung beständig gegen niedrige Luftfeuchtigkeit und kurzzeitige Einwirkung von kaltem oder lauwarmem Wasser
BST 100 / BSTAE 100	Verleimung beständig gegen hohe Luftfeuchtigkeit, heißwasserfest und (begrenzt) wetterbeständig
BST 100 G / BSTAE 100 G	Verleimung beständig gegen hohe Luftfeuchtigkeit, heißwasserfest und (begrenzt) wetterbeständig; fungizider Schutz

MDF-Platten

Eine neue Entwicklung der letzten Jahre ist die **mitteldichte Faserplatte (MDF)** mit besonders guten technischen Eigenschaften:

- glatte Oberfläche
- homogener Aufbau in allen drei Dimensionen
- biege- und bruchfest
- elastisch und querzugfest
- spanabhebend verarbeitbar
- mit ultradünnen Folien belegbar
- gut lackierbar
- exakte Bearbeitbarkeit der Kanten
- keine Maßänderung bei Änderung der Luftfeuchtigkeit
- nicht zu großes Gewicht
- im Endlosverfahren herstellbar
- Dicke mit geringen Toleranzen

Diese Platten bestehen aus feinen Holzfasern, die mit Leim versehen und in einer Bandpresse verdichtet wurden. MDF-Platten werden vor allem in der Möbelindustrie verwendet.

Die dichte MDF-Oberfläche kann effektvoll **lackiert** werden: Falls die Oberfläche nicht bereits werkseitig vorgeschliffen ist, wird sie vor dem Lackauftrag leicht angerauht. Kanten und Flächenfräsungen werden mit **Isolierungen** auf PU-Basis vorbehandelt. Nach einem Schliff der Isoliermasse werden Kanten und Flächen gemeinsam weiterbearbeitet: Jetzt erfolgt eine gemeinsame **Kanten- und Flächenisolierung**. Danach wird die Oberfläche **füllgrundiert**, **geschliffen** und mit einem **pigmentierten Lack** beschichtet. Bei hochwertigen Objekten empfiehlt es sich, Grundierung und Lackierung - mit den entsprechenden Schleifvorgängen - zu wiederholen. Sämtliche Schleifvorgänge erfolgen mit Körnung 180.

Die beste Oberflächengüte läßt sich mit PU-Lacken erzielen, die im Spritzverfahren aufgetragen werden. Die Spritzbeschichtung ermöglicht es, Flächen und Kanten in einem einzigen Arbeitsgang zu beschichten, um damit einen gleichmäßigen Lackauftrag - also eine optische Einheit von Fläche und Kante - zu erzielen. Durch Lackwahl und Auftragstechnik sind spezielle Effekte möglich, beispielsweise mit Struktur- oder Metallic-Lacken.

Mit fast allen MDF-Platten läßt sich auch die Forderung nach **Ringfestigkeit** erfüllen, wenn die farbige Deckschicht mit einem hochwertigen Transparentlack überzogen wird.

Farbe, Glanz und Form: aus MDF-Platten gebaute und spritzlackierte Empfangstheke einer Arztpraxis.

Teil 2: Holzschutz

Gefahren für Holz und Holzwerkstoffe

Holz ist abhängig von seiner Verwendung (innen oder außen, tragend oder nicht tragend) unterschiedlich gefährdet.

Im **Innenbereich** können **tragende Holzbauteile** durch holzzerstörende Pilze sowie Insekten geschädigt und dadurch selbst zu einer Gefährdung werden. Die vorbeugenden Maßnahmen (konstruktiver/chemischer Holzschutz) sind in der DIN 68 800 (Holzschutz im Hochbau) sowie in den Landesbauordnungen geregelt. Für **nicht tragende Bauteile** im Innenbereich, wie Wand- und Deckenverkleidungen, Türen, Türrahmen oder Fußleisten, wird eine Gefährdung des Holzes durch Pilze und Insekten als statisch nicht bedrohlich gesehen. Deshalb sind diese Bauteile nicht durch einen chemischen Holzschutz zu behandeln.

Im **Außenbereich** ist das Holz jedoch vielen Angriffen ausgesetzt. Besonders die UV-Strahlen der Sonne und Feuchtigkeit belasten und schädigen hier das Holz. Bei Erdkontakt und der damit verbundenen hohen Holzfeuchte ist der biologische Angriff (Fäulnis) vor allem am Grenzbereich Boden/Luft unvermeidlich.

Umwelt- und Wetterbeanspruchung des Holzes

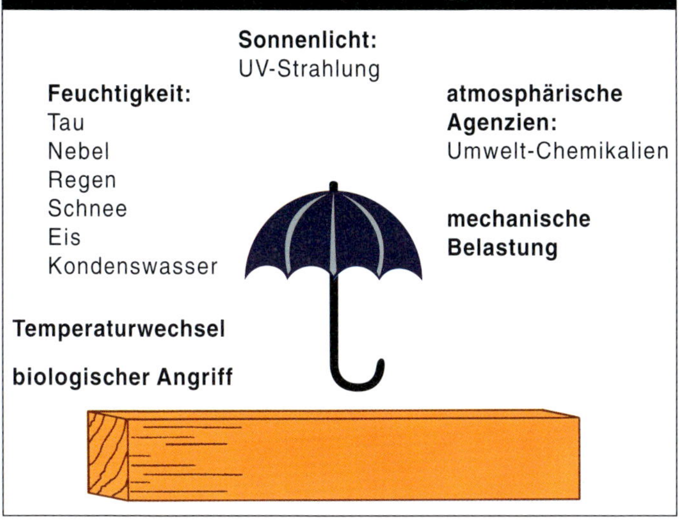

UV-Strahlung

Licht ist eine elektromagnetische Strahlung. Der sichtbare Bereich liegt zwischen 390 nm (blau) und 770 nm (rot) und spiegelt das Spektrum der Regenbogenfarben wider. Die sehr energiereiche UV-Strahlung UVA, UVB und UVC hat eine kürzere Wellenlänge als die des sichtbaren blauen Lichtes.

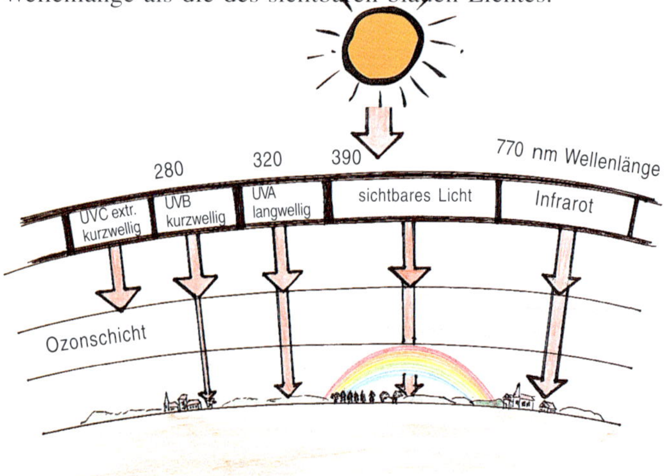

Die **UVC-Strahlung** erreicht den Erdboden nicht. Sie wird in der Erdatmosphäre herausgefiltert.

Die **UVB-Strahlung** ist sehr energiereich. Sie kann in die Zellen eindringen und sie schädigen, so daß bei der menschlichen Haut Hautkrebs entstehen kann. In großen Höhen bei Schnee kann sie zu der gefürchteten Schneeblinfheit führen und im Extremfall die Hornhaut des Auges zerstören.

Die **UVA-Strahlung** ist weniger energiereich und wirkt sich oberflächenschädigend aus. Sie ruft bei der menschlichen Haut den Sonnenbrand hervor.

Die ultravioletten Strahlen des Sonnenlichts (UV-Strahlung) zerstören nach und nach alle organischen Stoffe. Bindemittel zerbrechen, Pigmente und Farbstoffe verblassen, das Holz dunkelt nach und sein Lignin wird abgebaut, beim Frühholz stärker als beim Spätholz. Das Lignin, immerhin rund ein Drittel der Holzsubstanz, wird durch die Energie der Strahlung in wasserlösliche Spaltprodukte verwandelt, die vom Regen ausgewaschen werden. Es entsteht die typische Waschbrettstruktur der Holzoberfläche, und das Holz wird zuerst braun, später grau. Diese verwitterten Holzoberflächen bieten keinen Schutz gegen die anderen Feinde des Holzes. Die grauen Holzfasern („Silberhaare") haben keine hohe Festigkeit mehr. Wird so ein Holz direkt gestrichen, so bleiben die Fasern im Anstrich und ragen zum Teil aus der Oberfläche heraus. Sie stehen wie Speerspitzen hoch und wirken wie Dochte, die Feuchtigkeit in die Holzoberfläche transportieren. Dadurch verliert die Beschichtung ihre Haftung zum Untergrund - die Farbe blättert ab. Feuchtigkeit kann weiterhin einwandern. An der Rückseite der losen Farbschichten hängen teilweise die grauen Holzfasern

Der Ligninabbau und seine Folgen

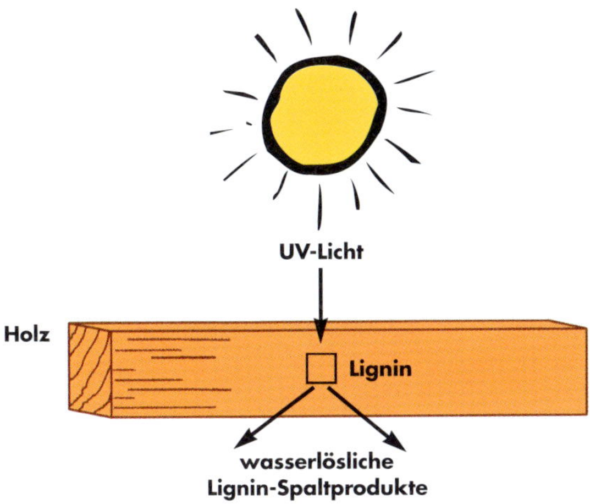

- **natürliches Nachdunkeln von Holz**
- **Auswaschungen der gespaltenen Ligninbestandteile**
- **Holz vergraut**
- **Beschichtungen verlieren Haftung zum Untergrund**
- **Dochtwirkung der abgebauten Holzfasern**

und sind ein Indiz für einen nicht tragfähigen Untergrund. Deshalb muß das graue, verwitterte Holz vor jedem Anstrich bis auf den rohen, hellen, gesunden und tragfähigen Untergrund abgeschliffen werden. Nur dann kann ein dauerhafter Anstrich und Holzschutz gewährleistet werden.

Dem Ligninabbau beugt man durch pigmentierte Holzlasuren oder Farben vor, die das Holz vor den schädlichen UV-Strahlen am besten abschirmen.

Holzschindeln einer Fassade: Ohne physikalischen Schutz wird das Holz geschädigt.

Hohe Holzfeuchte

Holz fault erst bei einem andauernden Feuchtigkeitsgehalt von über 20%. Soll die Feuchtigkeit aus der Luft aufgenommen werden, so müßte die permanente Luftfeuchtigkeit weit über 80% liegen. Dies ist jedoch selbst in Badezimmern und Küchen nicht der Fall. Deshalb brauchen Holzdecken im häuslichen Feuchtbereich keinen chemischen Holzschutz.

Holz nimmt Feuchtigkeit nicht nur als Flüssigkeit, sondern auch als Dampf aus der Luft auf. Zwischen der relativen Luftfeuchtigkeit und der Holzfeuchte besteht ein Gleichgewicht: **die Ausgleichsfeuchte.**

Durchschnittliche Holzfeuchte in Abhängigkeit von der relativen Luftfeuchtigkeit

relative Luftfeuchtigkeit	Holzfeuchte
20%	4,5%
30%	6,2%
40%	7,8%
50%	9,4%
60%	11,2%
70%	13,5%
80%	16,6%
90%	21,3%
100%	30,0%

Fäulnisgefährdetes Holz im direkten Spritzwasserbereich, wo viel Wasser an das Hirnholz gelangen kann, fault auch mit chemischem Vollschutz, da Holz in diesem Fall nicht sachgerecht

Gebrauchsfeuchte von Holz je nach Nutzung und Bauwerksart

Bauwerkskategorie	Ausgleichsfeuchte
geschlossene Bauten mit Heizung	ca. 9%
geschlossene Bauten ohne Heizung	ca. 12%
offene und teilweise offene Bauten	ca. 15%
freistehende Tragwerke ohne Wetterschutz	ca. 18%

verwendet worden ist. Es sei denn, es handelt sich um Hölzer, die von Natur aus fäulnisresistent sind (Teak, Merbau u.a.).

Die kritische Holzfeuchtegrenze von über 20% wird in keinem Bauwerksbereich erreicht. Wird Holz richtig verbaut und darauf geachtet, daß kein Wasser in das Holz eindringen und es auffeuchten kann, so wird Holz durch Fäulnis nicht geschädigt.

Werden im Innenbereich Holzkonstruktionen in der entsprechenden Ausgleichsfeuchte verbaut und wird konstruktiv ausgeschlossen, daß Wasser in dieses Holz eindringen kann, so kann es nicht durch Pilze befallen, verfärbt oder gar durch Fäulnis geschädigt werden. Es muß also auch ausgeschlossen werden, daß z.B. durch den Einbau von Wärmedämmmaßnahmen im Holz Tauwasser anfallen kann.

Biologischer Angriff

Im Außenbereich ist das verbaute Holz Belastungen durch Feuchtigkeitsaufnahme (Schlagregen, Kondenswasser, Dampf, aufsteigende Nässe, stehendes Regenwasser, Tauwasser) und Feuchtigkeitsabgabe (Verdunstung, kapillarer Transport) ausgesetzt. Diese Feuchtigkeitsbelastung bewirkt Quellen und Schwinden des Holzes („das Holz arbeitet") und führt zur Rißbildung. Bei permanent hoher Holzfeuchtigkeit wird das Holz durch nachfolgende Pilze gefährdet. Das Hirnholz nimmt besonders rasch sehr viel Feuchtigkeit auf (200 mal mehr als die anderen Holzflächen) und bedarf daher auch einer besonderen Aufmerksamkeit.

Schimmelpilz

Einen **Schimmelpilz**befall erkennt man an schwarzen, punktförmigen Sprenkeln. Befallen wird die Oberfläche vor allem an Stellen mit geringem Luftaustausch. Das Holz wird hierdurch in der mechanischen Festigkeit nicht beeinträchtigt. Schimmelpilze können mit sogenannten Antipilzmitteln (Chlorbleichlauge, quaternäre Ammoniumverbindungen) entfernt werden. Schimmel läßt sich also im Gegensatz zu Bläue von der Holzoberfläche bzw. von der Beschichtungsoberfläche durch Reinigen entfernen.

Bläuepilz

Der **Bläuepilz** kann sowohl auf der Beschichtungsoberfläche als auch in feuchtem Nadelholz (Tanne, Fichte, Kiefer) wachsen. Besoners stark bläuegefährdert ist das Kiefernsplintholz. Der Bläuepilz verfärbt das helle Holz dunkel, und die Fruchtkörper zerstören den Anstrichfilm. Die mechanische Festigkeit des Holzes wird nicht beeinträchtigt, da diese Pilze nicht die Zellwände abbauen. Das Holz wird saugfähiger und kann wie ein Schwamm die Holzfeuchtigkeit halten. Eine Holzfeuchtigkeit von über 20% fördert die Fäulnisbildung.

Bläueschäden. Dieses Blockhaus wurde mit einer farblosen Lasur ohne Bläueschutz behandelt. Der Bläuepilz durchdringt bereits das ganze Holzgefüge.

Holzzerstörende Pilze

Holzzerstörende Pilze benötigen einen dauernden Holzfeuchtigkeitsgehalt von über 20%. Ungeschütztes Holz nimmt Wasser auf und gibt es in Trockenperioden wieder ab. Durch diese Schwind- und Quellvorgänge reißt das Holz und öffnet den Pilzsporen den Weg in die Tiefe. Bei einer andauernden Feuchtigkeit über 20% beginnt der Fäulnisprozeß. Die Statik des Holzes wird gefährdet. Bei einer permanenten Holzfeuchtigkeit über 30% kommt es zu **Braunfäule**, die Zellulose wird abgebaut, und das Lignin (braun) bleibt übrig.

Bei der **Weißfäule** baut der Pilz das Lignin ab, und die Zellulose (weiß) bleibt übrig.

Holzzerstörende Insekten

Der Schutz gegen holzzerstörende Insekten wie **Holzbock, Gewöhnlicher Nagekäfer** und **Splintholzkäfer** ist nur für tragende Bauteile im Innenbereich relevant. Wenn die tragenden Balken dreiseitig sichtbar oder abgedeckt sind, ist aber auch hier kein Einsatz von wirkstoffhaltigen Holzschutzmitteln erforderlich.

Holz im Außenbereich muß generell nicht gegen holzzerstörende Insekten geschützt werden.

Wespenfraß schädigt Holz manchmal samt der Beschichtung an den Oberflächen. Der Farbfilm und das Frühholz werden förmlich abgefräst und von den Wespen zum Bau des Wespennestes benutzt. Die Tragfähigkeit des Holzes wird durch diesen Angriff jedoch nicht gefährdet. Ein Schutz des Holzes und der Beschichtung gegen Wespenfraß ist beschichtungstechnisch nicht möglich. Hingegen würde ein Einsatz von Insektiziden mehr Schaden an den Nutzinsekten anrichten und zu einer höheren Belastung der Umwelt führen.

Holzschutzmethoden

Historischer Rückblick

Holz als eines der ältesten Baustoffe der Welt hatte schon eine lange, traditionsreiche Geschichte durchlebt, bevor der Mensch Steine und Metalle zu bearbeiten lernte.

In einem ägyptischen Wandfries von ca. 2800 v. Chr. wurde bereits der Umgang mit Holz als Werkstoff und Baustoff dargestellt. Holz zeigte sich aber auch immer als ein vergänglicher Werkstoff, so daß es schon sehr früh Versuche gab, die Lebensdauer des Holzes zu verlängern.

Neben der speziellen Behandlung des Holzes wurden auch bestimmte konstruktive handwerkliche Schutzmaßnahmen entwikkelt. Heute ist der Holzschutz mehr als der reine chemische Holzschutz: Er ist ein Bündel von zielgerichteten Maßnahmen - vor allem baulicher und physikalischer Art.

Die erste nachgewiesene Holzschutzmethode war das **Ankohlen** des Holzes bei erdberührenden Bauteilen, die bereits ca. 5000 v. Chr. sehr erfolgreich praktiziert wurde. Die Arche Noah

Knoblauch, Olivenöl und Salz schützten im Altertum Holz gegen Verfall.

dürfte das erste „Referenzobjekt" sein, das mit **Pech** von innen und außen gestrichen wurde, um es abzudichten und vor Wasser zu schützen.

Die Chinesen lagerten das Holz bereits vor 2000 Jahren vor der Verwendung über Jahre hinweg in **Salzwasser** ein. Dies war ein sehr effektiver Schutz und ist im Begriff „Salzen von Holz" bis heute erhalten geblieben.

Alexander der Große ließ beim Bau von Hafenanlagen **ölhaltige Flüssigkeiten** einsetzen.

Plinius der Ältere empfahl eine **Mixtur aus Olivenöl, Knoblauch, Salz** - heute eine ideale Gewürzmischung für die italienische Küche.

Im Mittelalter wurden **Holzteeröle** und **Arsen** verwendet. Alle diese Mittel hatten auch erhebliche Nachteile. Die Wirkungen waren nur oberflächlich und sie stanken dauerhaft. Die Anwendungen waren mühsam und die Wirkung begrenzt.

Durch den französischen Bakteriologen Louis Pasteur und die Entdeckung der Mikroorganismen 1887 wurde die Grundlage für die ersten wissenschaftlich fundierten Untersuchungen des Holzschutzes gelegt. So stand zuerst die Effizienz im Vordergrund, was zu einer Vielzahl von holzschützenden **Chemikalien** führte: Arsen, Kupfervitriol, Carbolineum und Holzteeröle.

Während des Zweiten Weltkriegs wurde die Forschung für organische Chemikalien gewaltig verstärkt - mit dem Ziel der chemischen Kriegsführung. Das große angehäufte Wissen sorgte seit dem Zweiten Weltkrieg für eine rasante Entwicklung der **organischen, chemischen** und **synthetischen Wirkstoffe**. Ausgangspunkt war der Pflanzenschutz, um bei der Nahrungsmittelproduktion zu höheren Erträgen und besseren Qualitäten zu gelangen. So wurden seit den fünfziger Jahren viele **Herbizide, Biozide** und **Insektizide** durch die Großchemie entwikkelt und erforscht. Mit der Technisierung in der Landwirtschaft stieg der Einsatz dieser Wirkstoffe drastisch.

Der Holzschutz wurde ausschließlich auf den chemischen Holzschutz reduziert und im großen Umfang im Innen- und im Außenbereich angewendet.

Durch die ökologischen Bewegungen der siebziger Jahre beschleunigt, setzte ein Umdenkungsprozeß ein, und neben der Effizienz wurden vermehrt die Auswirkungen auf Umwelt, Mensch und Tier erforscht.

Im Holzschutz war zu dieser Zeit immer noch die Effizienz ein wichtiger Maßstab. Durch die Unbekümmertheit der Verwender und den Boom von Holz als „natürlichem" Wohnbaustoff wurden große Mengen farbiger Holzschutzmittel im Innenbereich verwendet. Aus Angst vor holzzerstörenden Insekten und Pilzen kamen Wirkstoffe wie **PCP, Lindan, Permethrin** und sogar **DDT** (in der DDR) zum Einsatz, die dann später zu den viel diskutierten gesundheitlichen Holzschutzproblemen führten. Eigentlich wollten die Verwender das Holz dekorativ gestalten und kauften sich durch die farbigen chemischen Vollschutzmittel Probleme ein, die den ökologischen Werkstoff Holz dann zu Sondermüll machten.

Neben den umstrittenen Vollschutzmitteln gab es auch zur damaligen Zeit schon **farbige Holzlasuren**, die kein PCP, Lindan oder Permethrin enthielten.

An dieser Stelle sollte sich der Leser einmal ganz klar vor Augen halten, daß wirksame chemische oder biologische Holzschutzmittel **bioaktive Wirkstoffe** enthalten, die das Wachstum von Organismen verhindern oder sie zerstören - sei es vorbeugend oder bekämpfend.

Biologisch wirksam heißt aber nicht, daß diese Stoffe für den Menschen immer giftig sind. Bereits Paracelsus erkannte: Alles ist Gift, allein die Dosis macht es. Die Toxizität gegenüber Menschen wird durch den LD 50- bzw. LC 50-Wert beschrieben. Diese Werte geben in mg/kg Körpergewicht die Toxizität durch Aufnahme wie Essen oder Einatmung an. Nicht meßbar ist zur Zeit eine permanente, langzeitige Aufnahme über Jahre hinweg in niedrigsten Dosen. Die daraus resultierenden Effekte sind nicht eindeutig, so daß z. Z. ein Nachweis nicht mit absoluter Sicherheit geführt werden kann.

Deshalb hat sich insbesondere im chemischen Holzschutz für den Innenbereich in den letzten Jahren ein gewaltiger Sinneswandel durchgesetzt, was zum vollständigen Verzicht von chemischen Holzschutzmitteln im Innenbereich für nicht tragende Bauteile führte (Aufhebung des RAL-Gütezeichens für Holzschutzmittel im Innenbereich, freiwillige Selbstverpflichtung der Industrie als Zwischenlösung bis zur Umsetzung der europäischen Biozid-Direktive in ein nationales Gesetz).

Chemischer Holzschutz heute

In der DIN 68 800 (Holzschutz im Hochbau) Teil 3 werden für Holz die Gefährdungsklassen durch Schädlinge festgelegt. Es wird unterschieden zwischen **tragenden Bauteilen** wie Dachstuhl, die statisch berechnet werden, und **nicht tragenden Bauteilen** wie Fassadenverkleidungen. Der Holzschutz für tragende Bauteile ist in den Landesbauordnungen festgeschrieben,

Die Gefährdungsklassen der Holzbauteile

Gefährdungsklasse	Anwendungsbereiche	Anforderungen an Holzschutzmittel
0	Räume mit üblichem Wohnklima: Holzbauteile durch Bekleidung abgedeckt oder zum Raum hin kontrollierbar	keine
1	Innenbauteile (Dachkonstruktionen, Geschoßdecken, Innenwände) und gleichartig beanspruchte Bauteile, relative Luftfeuchte < 70%	insektenvorbeugend
2	Innenbauteile, mittlere relative Luftfeuchte > 70%, Innenbauteile (im Bereich von Duschen), wasserabweisend abgedeckt, Außenbauteile ohne unmittelbare Wetterbeanspruchung	insektenvorbeugend, pilzwidrig
3	Außenbauteile ohne Erd- und/oder Wasserkontakt, Innenbauteile in Naßräumen	insektenvorbeugend, pilzwidrig, witterungsbeständig
4	Holzteile mit ständigem Erd- und/oder Wasserkontakt	insektenvorbeugend, pilzwidrig, witterungsbeständig, moderfäulewidrig

da die Standsicherheit eines Gebäudes wesentlich für den Schutz des Menschen ist. Der Holzschutz für nicht tragende Bauteile wurde baurechtlich nicht eingeführt und ist somit nicht zwingend erforderlich. Er obliegt einer freiwilligen Vereinbarung zwischen Bauherren und Bauausführenden.

Der Holzschutz für tragende Bauteile ist gerechtfertigt, aber für nicht tragende Bauteile wurde er oft überzogen - insbesondere bei der großflächigen Verwendung von chemischen Holz-

Struktur des Angebots an Holzschutzmitteln und Holzlasuren

	Freiwillige Selbstverpflichtung der Industrie		
DIBt **Holzschutzmittel**	**RAL** **Holzschutzmittel**	**RAL** **Holzschutzmittel**	**RAL** **Holzschutzmittel**
vorbeugend bekämpfend	bekämpfend	vorbeugend	vorbeugend
holzzerstörende Pilze Insekten P.Iv.W.E.	holzzerstörende Pilze Insekten	holzzerstörende Pilze Insekten	holzzerstörende Pilze holzverfärbende Pilze

Biozidität

Fungizide

Insektizide

tragende Bauteile	nicht tragende Bauteile	außen
	chemischer Holzschutz nach DIN 68 800	ggf. Bläueschutz nach EN 152

← **chemische Holzschutzmittel**

Biozidität: bioaktiver Wirkstoffmix nach Wirkungsfunktion gestaffelt

schutzmitteln zu dekorativen Zwecken in Räumen. Obwohl die Gefährdungstabelle für Hölzer im Innenbereich noch eine Insektengefahr darlegt, warnt das Bundesinstitut für gesundheitlichen Verbraucherschutz und Veterinärmedizin (BgVV, ehemaliges Bundesgesundheitsamt) hier dringend vor der Anwendung von Holzschutzmitteln. In der Folge wurde das Gütezeichen RAL GZ 830 für Holzschutzmittel im Innenbereich zurückgezogen. Dies führte zu einer freiwilligen Selbstverpflichtung der deutschen Industrie und 1997 zum vollstän-

BA-Reg. olzimprägnier- rund	**Holz- beschichtungen** Holzschutz- lasuren, Holz- lasuren,-farben, Lacke, Öle	**Holz- beschichtungen** Holzfarben, Holzlasuren, Lacke, Öle	**Holzveredelung** Holzlasuren, Holzfarben, Lacke, Öle, Wachse
orbeugend	vorbeugend		
olzverfärbende ilze	Filmschutz		

ußen	außen	außen ggf. innen	innen
läueschutz ach EN 152	physikalischer Holzschutz		

Beschichtungssysteme

digen Verzicht auf die Abgabe von chemischen Holzschutzmitteln für nicht tragende Bauteile im Innenbereich.

Die Tabelle auf den Seiten 60 und 61 gibt eine Übersicht über die heute verwendeten Holzschutzmittel, Bläueschutzmittel, Lasuren und Beschichtungen. **DIBt-Produkte** (Deutsches Institut für Bautechnik) sind für tragende Bauteile (z. B. Dachstuhl) bauaufsichtlich zugelassene Holzschutzmittel und vorbeugend gegen holzzerstörende Pilze und Insekten ausgerüstet. Hierunter fallen auch bekämpfende Produkte für den Großeinsatz. Die DIBt-Produkte sind nur den Fachleuten vorbehalten und dürfen im freien Verkauf nicht an den privaten Endverbraucher gelangen.

Für die nicht tragenden Bauteile wurde Ende der 80er Jahre als Reaktion auf die Holzschutzmittelprobleme das Gütezeichen **RAL GZ 830 Holzschutzmittel** etabliert. Es werden wie bei den DIBt-Produkten, allerdings auf freiwilliger Basis, vorbeugende Holzschutzmittel gegen holzzerstörende Insekten und/oder Pilze auf Wirksamkeit durch die BAM (Bundesanstalt für Materialforschung), auf gesundheitliche Unbedenklichkeit durch das BgVV (ehemals Bundesgesundheitsamt BGA) und auf Umweltverträglichkeit durch das UBA (Umweltbundesamt) bewertet.

Dazu gehören auch bekämpfende Produkte in Kleingebinden für den privaten Verwender. Die Bläueschutzmittel wurden in der Vergangenheit nicht erfaßt. Durch die freiwillige Selbstverpflichtung der Industrie ist auch dieser Bereich heute geregelt.

Die in Beschichtungssystemen als eine Komponente verwendeten Bläueschutzgrundierungen für Fenster, Pergolen, Fassadenverkleidungen u.a. werden vom Umweltbundesamt (UBA) registriert. Die **UBA-Reg.-Nr.** sagt, daß diese Produkte die Anforderungen, Wirksamkeit, Auswirkungen auf Gesundheit und Umwelt bei bestimmungsgemäßer und sachgerechter Anwendung erfüllen. Die Behörden haben wie bei dem RAL GZ 830 bewertet. Durch die auf den Gebinden angebrachten UBA-Reg.-Nr. sind die genauen Rezepturen und Bestandteile festgehalten und die Produkte zu jeder Zeit rückverfolgbar.

Durch die freiwillige Selbstverpflichtung soll bis zum Wirksamwerden des europäischen Biozid-Gesetzes zur Verbesserung des Verbraucherschutzes eine wichtige Lücke geschlossen werden. Holzschutzlasuren, Holzlasuren und Holzfarben für den physikalischen Holzschutz, die nur einen Filmschutz als Eigenschutz vor Schimmel und Pilzen enthalten, dürfen nur im Außenbereich sowie bei Innen- und Außenseiten von Fenstern und Außentüren verwendet werden. Diese Lasuren und Farben sind keine chemischen Holzschutzmittel und deshalb als Zwischen- und Endbeschichtung eines Beschichtungssystems nicht registrierbar.

Holzlasuren und Holzfarben für den Innenbereich sind ebenfalls keine chemischen Holzschutzmittel. Diese Produkte enthalten grundsätzlich keine chemisch holzschützenden Biozide. Das Ziel der freiwilligen Selbstverpflichtung ist eine klare Einordnung der Produkte, eine einheitliche Kennzeichnung und Verhinderung des Einsatzes von chemischen Holzschutzmitteln im Innenbereich.

Die Überarbeitung der DIN 68 800 zollte auch diesem Aspekt eine große Bedeutung, so daß es heute auf der einen Seite eine Gefährdungsklasse 0 gibt und auf der anderen Seite dem baulichen Holzschutz eine dominierende Stellung eingeräumt wird. Der Umdenkungsprozeß geht weiter, und so wird in Zukunft der physikalische Holzschutz eine noch größere Rolle spielen.

Durch bestimmte Bedingungen ist es heute möglich, bei tragenden Bauteilen vollständig auf den Einsatz eines chemischen Holzschutzmittels zu verzichten, da die Gefährdungsklassen auf die Gefährdungsklasse 0 heruntergestuft werden können (siehe Tabelle auf folgender Seite).

Eine wichtige Rolle spielt hierbei auch die natürliche Dauerhaftigkeit des Holzes.

Möglichkeiten zur Vermeidung von chemischen Holzschutzmitteln	
Gefährdungsklasse	**Anwendungsbereiche**
0	Holz in ständig trockenen Räumen mit stets gesicherten Holzfeuchten unter 20%
1 → 0	Holz in der Gefährdungsklasse 1, wenn Farbkernholz unter 10% Splintanteil eingesetzt wird oder Holz in üblichem Wohnklima oder vergleichbaren Räumen, • das allseitig geschlossen gegen Insektenzugang bekleidet ist oder • zum Raum hin offen kontrollierbar bleibt
2 → 0	Holz in der Gefährdungsklasse 2, wenn Farbkernhölzer der Resistenzklasse 1, 2 oder 3 ohne Splintanteil verwendet werden
3 → 0	Holz in der Gefährdungsklasse 3, wenn Farbkernhölzer der Resistenzklasse 1 oder 2 ohne Splintanteil verwendet werden
4 → 0	Holz in der Gefährdungsklasse 4, wenn Farbkernhölzer der Resistenzklasse 1 ohne Splintanteil verwendet werden

Fazit

1. Im Innenbereich ist für tragende Bauteile ein chemischer Holzschutz Pflicht, wenn eine Gefahr bzw. Gefährdung vorliegt. In der Gefährdungsklasse 0 bzw. 1, also wenn das Holz allseitig vor Insektenzugang abgekapselt oder zum Raum hin kontrollierbar ist (3seitig sichtbar), ist ein chemischer Holzschutz nicht erforderlich (fehlende Notwendigkeit).

2. Vorbeugende oder bekämpfende chemische Holzschutzmittel sollen im Innenbereich vermieden werden und wenn, nur dort verwendet werden, wo sie zwingend notwendig sind und keine andere Lösung möglich ist. Großflächige Anwendungen nur durch Fachleute.

3. In den anderen Fällen müssen sich Ausmaß und Umfang chemischer Holzschutzmaßnahmen an der jeweiligen spezifischen Gefährdung orientieren (Gefährdungsklassen).

4. Bei chemischen Holzschutzmaßnahmen handelt es sich um Zusatzmaßnahmen zu den baulichen Holzschutzmaßnahmen. Nach der DIN 68 800 (Holzschutz im Hochbau) wird somit dem baulichen Holzschutz eindeutig der Vorzug gegeben. Dieser ist aber nicht immer ausreichend.

5. Für nicht tragende Bauteile im Außenbereich sind chemische Holzschutzmaßnahmen unabhängig von einer eventuellen Gefährdung nicht verpflichtend. Es muß immer abgewogen werden zwischen Ausmaß der Gefährdung, Wert, Werterhaltung und Bedeutung der Holzbauteile einerseits und den gesundheitlichen sowie umweltbezogenen Gesichtspunkten andererseits.

6. Im Außenbereich sind Nadelhölzer bläuegefährdet, deshalb muß rohes Nadelholz mit einem Bläueschutzmittel vorbeugend behandelt werden.

7. Eine vorbeugende Behandlung mit Insektiziden ist auch im Außenbereich nicht notwendig.

8. Ein vorbeugender Schutz gegen holzzerstörende Pilze ist nur bei einer echten Gefährdung notwendig.

9. Fehlerhafte Konstruktionen können mit einem chemischen Holzschutz nicht gerettet werden.

10. Hölzer mit Erdkontakt nur vakuum-, doppelvakuum- oder kesseldruckimprägnieren.

11. Im Innenbereich ist bei nicht tragenden Bauteilen generell auf den Einsatz eines chemischen Holzschutzmittels zu verzichten.

12. Ist eine chemische Holzschutzmaßnahme im Innenbereich dennoch erforderlich, so ist dies ausschließlich eine Arbeit für Fachleute und nicht für Heimwerker. Dies gilt nicht für die Behandlung von Antiquitäten und Kleinmöbeln.

13. Bevor der chemische Holzschutz zum Einsatz kommt, sind die Maßgaben des baulichen, konstruktiven Holzschutzes und des physikalischen Holzschutzes auszuschöpfen. Deshalb muß immer vor der Anwendung ein Schutzkonzept für das Holz erstellt werden, weil Holzschutz mehr ist als der chemische Holzschutz.

Natürliche Dauerhaftigkeit des Holzes

Die **natürliche Dauerhaftigkeit** des Holzes wird nach DIN 68 364 (Kennwerte von Holzarten) in 5 Klassen unterteilt.

Natürliche Dauerhaftigkeit des Holzes (DIN 68 364)

Resistenz-klassen:	**1**	**1 - 2**	**2**	**2 - 3**	**3**	**3 - 4**	**4**	**5**
Resistenz des unge-schützten **Kernholzes** bei langan-haltender hoher Holz-feuchtigkeit oder bei Erdkontakt	sehr resi-stent	sehr resi-stent bis resi-stent	resi-stent	resi-stent bis mäßig resi-stent	mäßig resi-stent	mäßig resi-stent bis wenig resi-stent	wenig resi-stent	nicht resi-stent
Beispiele	Teak	Mer-bau	Eiche	Dark Red Me-ranti	Lär-che	Kiefer	Tanne Fichte	Plan-tagen-kiefer

Das **Splintholz** aller Holzarten ist den Klassen 4 und 5 zuzuordnen.

In der folgenden Übersicht sind die wichtigsten in Deutschland verwendeten Holzarten und ihre Eigenschaften dargestellt. Insbesondere kann die natürliche Dauerhaftigkeit des Kernholzes genutzt werden, um Hölzer in den Gefährdungsklassen 3 und 4 ohne chemischen Holzschutz zu verbauen.

Holzarten und Holzeigenschaften für nicht maßhaltige Auße			
	Nadelholz	Laubholz	grobe Poren
Afzelia (Doussie)		●	●
Agba (Tola branca)		●	●
Amerikan. Mahagoni		●	●
Bitangor		●	●
Cedro		●	●
Durian		●	●
Eiche weiß Europa		●	●
Eiche Nordamerika		●	●
Fichte	●		
Framire		●	●
Hemlock	●		
Iroko (Kambala)		●	●
Keruing (Yang)		●	●
Khaya-Mahagoni		●	●
Kiefer, Kernholz	●		
Kiefer, Splintholz	●		
Kosipo		●	
Lärche, Kernholz	●		
Lärche, Splintholz	●		
Mengkulang		●	●
Merbau		●	●
Niagon		●	●
Oregon Pine (Douglasie)	●		
Plantagenkiefer (z.B. Radiata pine)	●		
Red Meranti		●	●
Robinie		●	●
Sapelli-Mahagoni, Kernholz		●	●
Sapelli-Mahagoni, Splintholz		●	●
Sitka-Spruce	●		
Sipo-Mahagoni		●	
Tanne	●		
Teak		●	●
Western Red Cedar, Kernholz	●		
White Seraya		●	●

auteile

arzaustritt möglich	Verfärbungen bei wäßrigen Anstrich-stoffen möglich	Verfärbungen bei lösemittel-haltigen Anstrich-stoffen möglich	Bläuepilz-befall möglich	Resistenz-klassen gegen Befall holzzerstö-render Pilze nach EN 350-2
	●			1
●	●			2 - 3
	●			2
	●	●		3 - 4
●	●			2
	●			2 - 3
	●	●		2
	●	●		2 - 3
●	●		●	4
	●	●		2 - 3
	●		●	4
	●	●		1 - 2
●	●			3
	●			3
●	●			3 - 4
●	●		●	5
	●			2 - 3
●	●	●		3 - 4
●	●	●	●	5
	●	●		3
	●	●		1 - 2
	●	●		2 - 3
●	●	●	●	3 - 4
●	●		●	5
●	●			3 - 4
	●	●		1 - 2
	●			3
	●		●	5
	●		●	4
	●	●		2 - 3
	●		●	4
	●			1
●	●	●		2 - 3
●	●			4

Bei Stabkirchen ist die tragende Konstruktion durch die Anordnung im Gebäudeinneren gegen Feuchtigkeit geschützt: Verschleißteile wie Gesims-, Trauf- und Ortgangbretter, Windfedern und Hirnholzbrettchen decken sie ab. (Holzkirche Gol, Norwegen, erbaut um 1200.)

Baulicher (konstruktiver) Holzschutz

Der wichtigste Schutz des Holzes ist der bauliche Holzschutz, auch konstruktiver Holzschutz genannt. Falsche Konstruktionen können auch nicht mit hochwirksamen Holzschutzmitteln „repariert“ werden. Besonders wichtig wird der konstruktive Holzschutz bei weniger resistenten Hölzern (Fichte, Tanne, Kiefer). Das Geheimnis, warum die Stabkirchen in Skandinavien und Rußland so alt geworden sind, ist das tragende Gerüst in der Mitte. Alle umgebenden außenliegenden Bauteile haben nur die Funktion, das Wasser so weit wie möglich vom Gerüst fernzuhalten und so schnell wie möglich abzuleiten.

Diese Ableitungsfunktion wird durch die Anordnung der Gesims-, Trauf- und Ortgangbretter, Windfedern, Hirnholzabdeckungen und Wandverkleidungen erreicht. Hierbei sind diese besonders belasteten Bauteile bewußt als Verschleißteile konzipiert, um die wichtigen tragenden Teile zu schützen.

Das gleiche Prinzip wurde bei alten Fachwerkhäusern angewendet, wo die Geschosse nach vorne überbaut wurden, so daß jedes darüberliegende Geschoß als Regenschirm des darunterliegenden fungiert. So wird die **Fassade** vor starkem Schlagregen geschützt. Damit das Holz dauerhaft ist, müssen freistehende Hirnholzflächen, waagerechte Flächen, scharfe Kanten, Hohlräume und Zapflöcher, in denen sich Wasser ansammeln kann, vermieden werden. Geachtet werden sollte auf ausreichende Dachüberstände und auf im Fassadenbereich zurückgesetzte Fenster.

Generell gilt, durch aufgeständerte Holzkonstruktionen (z.B. bei Carports und Pergolen) den direkten **Erdkontakt** zu vermeiden. Bei Gebäudeteilen mit Erdkontakt muß durch eine Querisolierung das Holz vor aufsteigender Feuchtigkeit geschützt werden.

Ein weiterer kritischer Punkt ist der untere **Sockelbereich** von 30 cm. Hier tritt Spritzwasser auf und kann das Hirnholz sehr stark mit Wasser anreichern. Nur ein baulicher Holzschutz in Form eines ausreichenden Dachüberstandes bzw. des Beginns der Holzwand ab einer Höhe von 30 cm über dem Erdboden mit einer angrenzenden Kiesschüttung kann eine dauerhafte Haltbarkeit des Holzes sicherstellen.

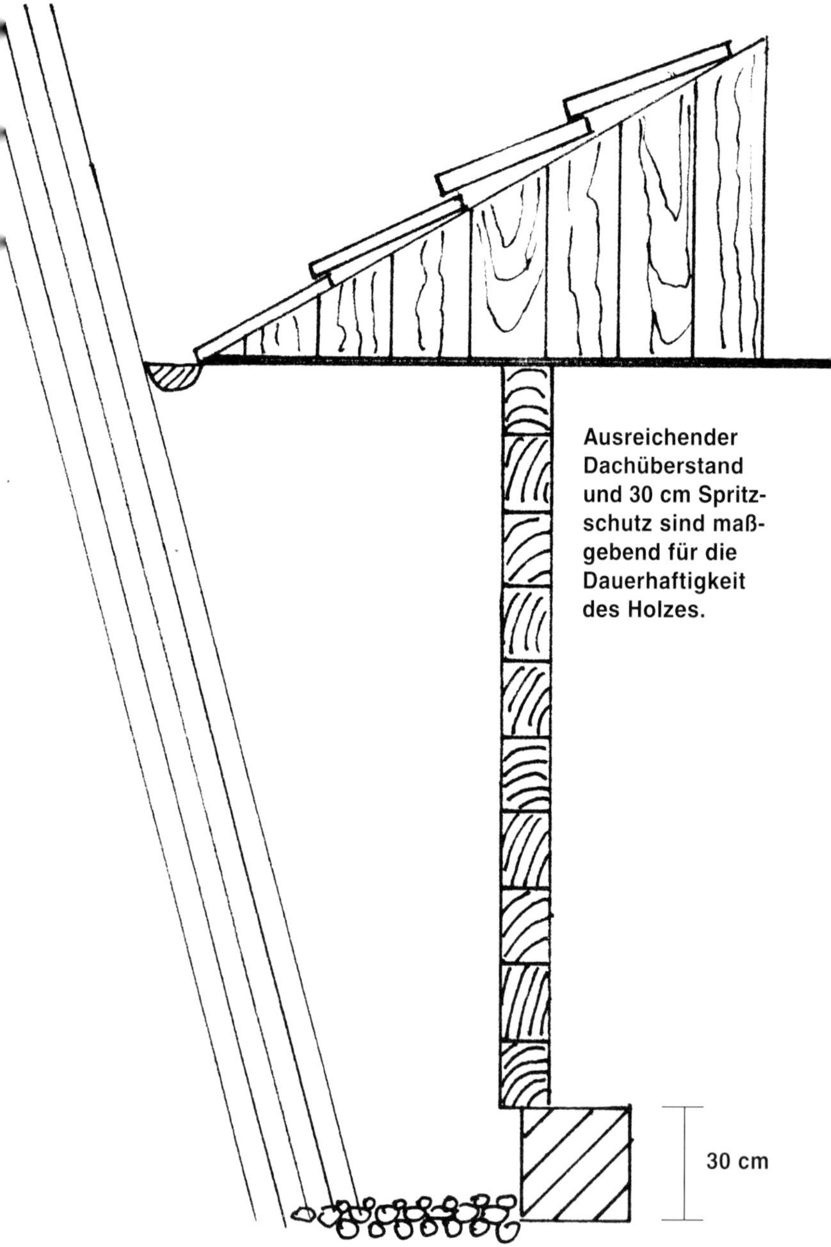

Ausreichender Dachüberstand und 30 cm Spritzschutz sind maßgebend für die Dauerhaftigkeit des Holzes.

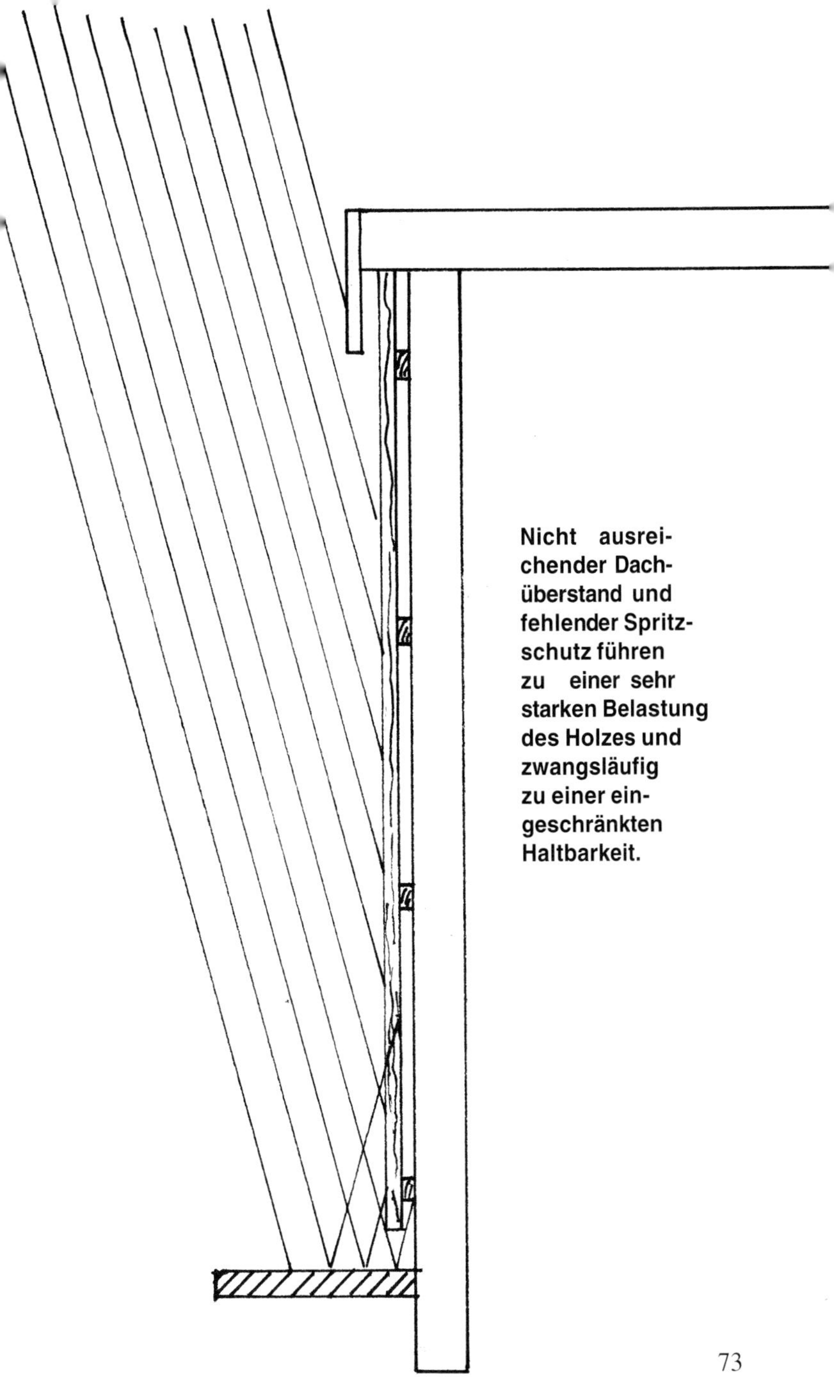

Nicht ausreichender Dachüberstand und fehlender Spritzschutz führen zu einer sehr starken Belastung des Holzes und zwangsläufig zu einer eingeschränkten Haltbarkeit.

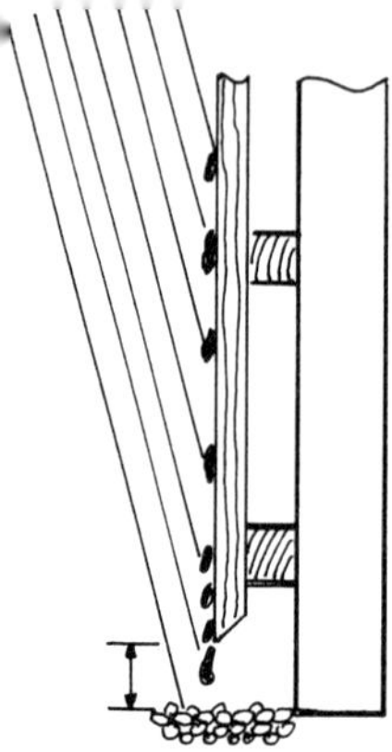

Bei Außenverkleidungen aus Holz muß das Regenwasser abtropfen können, ohne das Hirnholz zu durchfeuchten.

Dazu haben sich Abschrägungen von mindestens 15° bewährt.

Die abgeschrägte Schalung verhindert das Eindringen von Wasser in die Nut- und Federverbindungen.

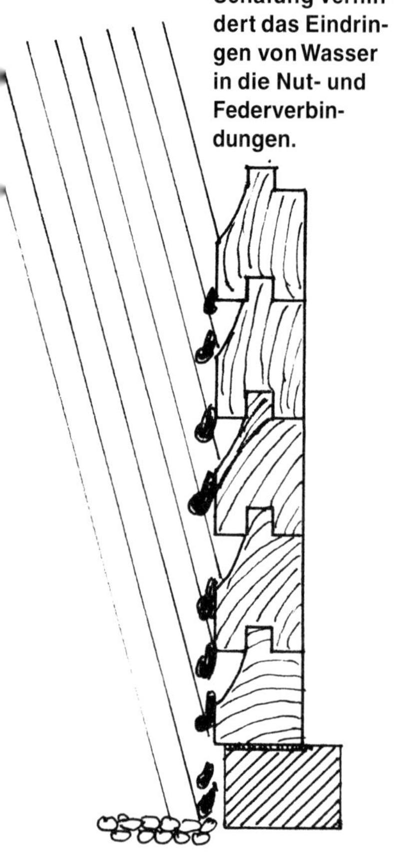

Auch bei der Stülpschalung ist es vorteilhaft, die Bretter nicht rechteckig zu schneiden. Dadurch entstehen Tropfkanten zur Ableitung des Regenwassers.

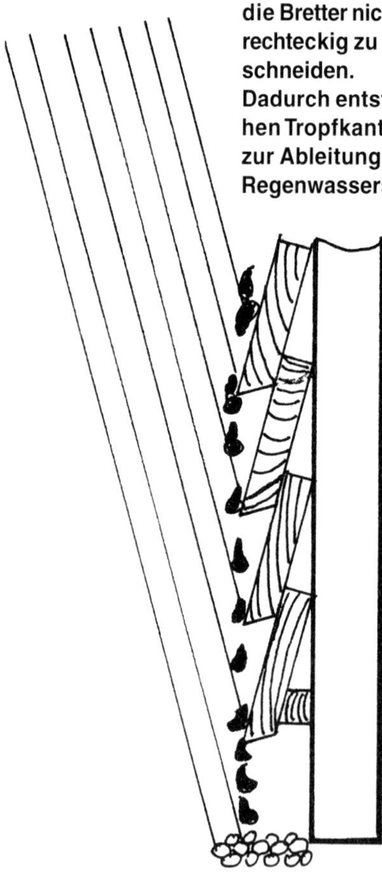

Stumpfe Hirnstöße sollten sowohl bei vertikaler als auch horizontaler Brettanordnung vermieden werden, da sich hier leicht Wassernester bilden können.

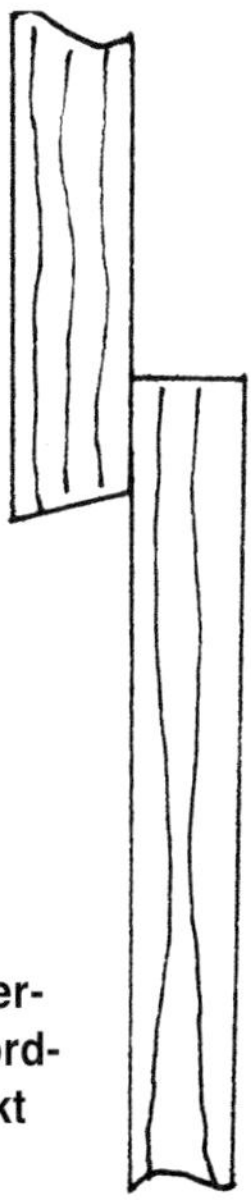

Bei vertikalem Ansatz ist das obere Brett überdeckend anzuordnen, nicht direkt stoßend.

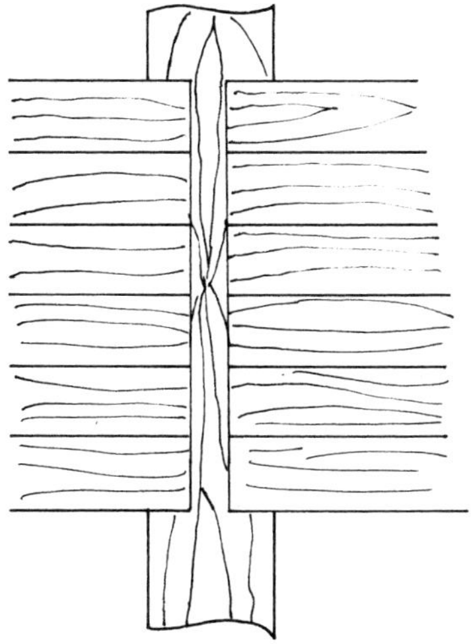

Bei horizontalem Ansatz ist eine „Schattenfuge“ auszubilden. So kann das Hirnholz leicht mit einer Beschichtung nachbehandelt werden.

Waagerechte Flächen sind zu vermeiden. Handläufe von Balkongeländern sind ebenfalls mindestens 15° abzuschrägen und mit Tropfkanten zu versehen.

Die Riegel bei einem Zaun sind als Parallelogramm bzw. Trapez auszubilden.

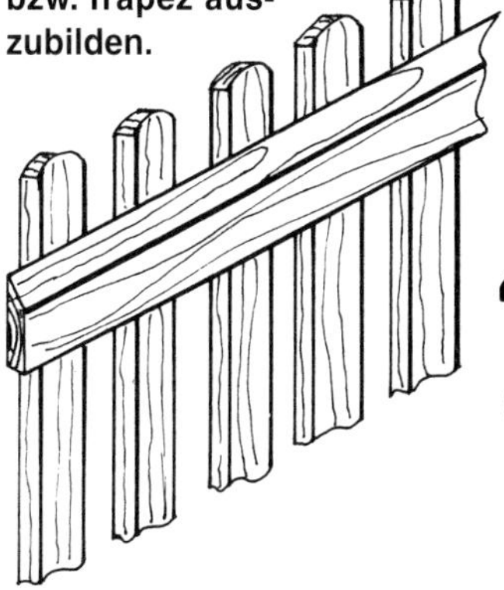

Balkongeländer: Abschrägung 15° und eingefräste Tropfnase.

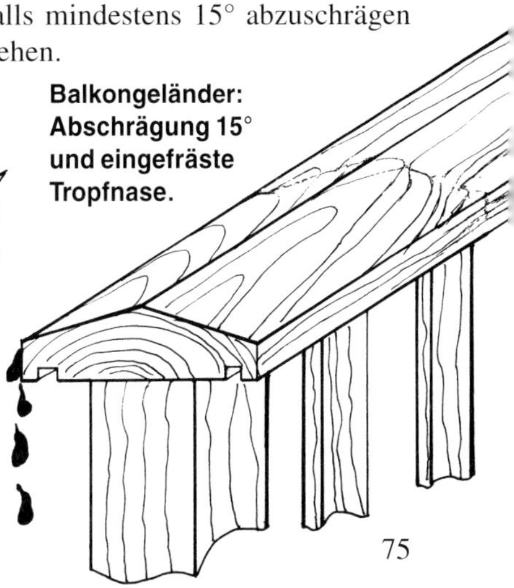

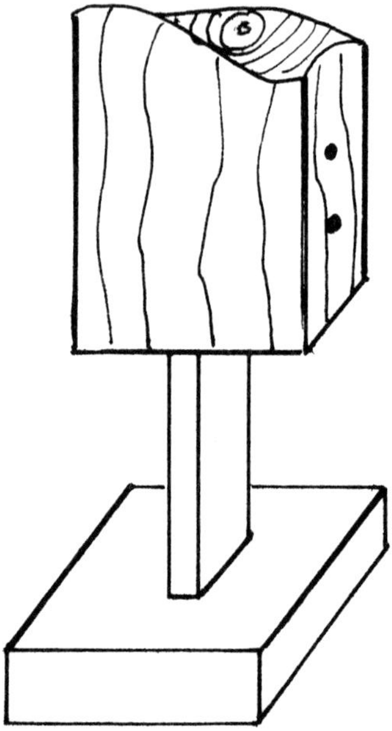

Fußpunkt einer Pergola. Die Stahlstütze verhindert direkten Bodenkontakt.

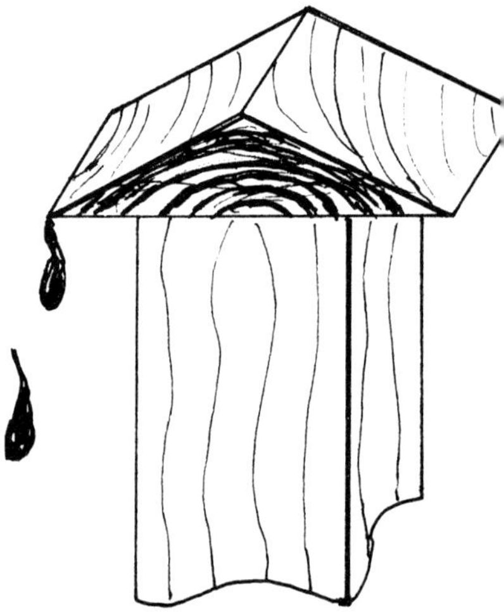

Das Hirnholz von Pfählen muß vor zu starker Wasseraufnahme geschützt werden.

Es hat sich bewährt, das Hirnholz mit zwei zusätzlichen Anstrichen oder mit zusätzlichen Beschichtungen mit Klarlack oder Bootslack vor zu starker Feuchtigkeitsaufnahme zu schützen.

Das Hirnholz bei Pfählen ist in zweifacher Hinsicht besonders gefährdet. Zum einen nimmt es sehr viel Feuchtigkeit auf und quillt stark. Zum anderen gibt es aber auch die Feuchtigkeit rascher ab, da über den kapillaren Transport das Wasser an die Oberfläche transportiert wird und verdunstet. Aus diesem Grund schwindet das Hirnholz schneller als die anderen Holzflächen, so daß sich hier verstärkt Risse bilden. Diese Risse bilden dann die Keimzelle für holzzerstörende Pilze. Deshalb muß dem Hirnholz von Pfählen und Staketen bereits bei der Konstruktion besonderes Augenmerk geschenkt werden.

Der bauliche Holzschutz, d.h. die holzgerechte Konstruktion, ist die Grundlage der Dauerhaftigkeit von Holzbauteilen. Dazu gehört auch die richtige Wahl der Holzart (siehe Seiten 67 bis 69).

Holzschäden durch Konstruktionsschwäche: Die Leimholzbinder bei dieser aufgeständerten Konstruktion haben zwar keinen direkten Bodenkontakt, aber das Regenwasser kann an den außenliegenden Holzbalken entlanglaufen und wird vom Hirnholz am Fußpunkt der Balken aufgesogen. So steigt die Holzfeuchtigkeit permanent auf über 20%. Die Folge ist ein Bauschaden durch Fäulnis.
Durch Einfräsen einer Tropfnase und Versiegelung des Hirnholzes wäre dieser Holzschaden vermieden worden.

Anforderungen an den baulichen Holzschutz

Holz muß vor Feuchtigkeit und permanenter Durchfeuchtung geschützt werden.

- Eindringen von Feuchtigkeit in Hirnholz verhindern
- Feuchtigkeit im Holz darf nicht permanent über 20% liegen
- natürlich dauerhafte Holzarten verwenden
- ausreichende Überdachungen als Schutz vor direkter Wetterbeanspruchung einbauen
- tragende Bauteile dreiseitig offen lassen oder allseitig abschirmen
- horizontale Flächen, die direkt bewittert werden, vermeiden
- waagerecht verbautes Holz mit 15° abschrägen
- Kanten mit 2 mm Krümmungsradius brechen
- Zapflöcher anbohren, damit das Wasser ablaufen kann
- Schraubenlöcher schließen
- Spritzwasserbereich 30 cm über dem Erdboden vermeiden
- Querisolierungen gegen aufsteigende Feuchtigkeit einbauen
- Tropfnuten einfräsen
- Hirnholzflächen versiegeln

Physikalischer Holzschutz

Der physikalische Holzschutz ist ein Oberflächenschutz mit Beschichtungssystemen, die das Holz schützen vor:

- **Dauerdurchfeuchtung**
- **starken Feuchtewechseln**
- **starkem Quellen und Schwinden**
- **Rißbildung**
- **UV-Strahlung**
- **Vergrauung**
- **Verschmutzung**
- **Befall der Oberfläche mit Bläue und Schimmel**
- **mechanischen Beschädigungen** bzw. **Belastungen**

Weitere Aufgaben des physikalischen Holzschutzes sind

- **dekorative Gestaltung** und
- **Holzveredelung** der Oberfläche.

Diese Anforderungen können nur durch **deckende Beschichtungen** oder ausreichend **pigmentierte Lasuren** erreicht werden. Farblose Lasuren bieten in der Regel im Außenbereich keinen dauerhaften und ausreichenden UV-Schutz.

Der chemische Holzschutz hingegen beugt vor oder bekämpft den Befall von Holzschädlingen ausschließlich mit bioaktiven Wirkstoffen im Holz. Der physikalische Holzschutz beinhaltet über den reinen **„Wetterschutz"** hinausgehende Funktionen und insbesondere eine Konditionierung der Holzoberfläche für den dauerhaften Schutz. Im Kommentar zur DIN 68 800 (Holzschutz) Teil III wird darauf hingewiesen, daß Anstriche den chemischen Holzschutz nicht ersetzen können. Holzfarben und Holzlasuren, insbesondere solche mit dem Blauen Engel (Umweltzeichen 12a) bieten zwar einen „Wetterschutz", aber keinen ausreichenden Schutz vor Bläue und Schimmel. Dieser muß deshalb durch die Vorbehandlung des rohen Holzes mit einem Bläueschutzgrund erreicht werden. Der Blaue Engel darf nicht an Farben und Lasuren vergeben werden, die chemische Holzschutzmittel enthalten.

Hirnholzflächen zeichnen sich durch eine besonders rasche und starke Wasseraufnahme aus. Da über Hirnholzflächen aber auch mehr und schneller Feuchtigkeit verdunsten kann, sind diese Holzteile besonders starken Feuchtigkeitsschwankungen unterworfen. Die Folge ist starke Rißbildung im Hirnholzbereich. Um dies zu verhindern, hat sich eine **Versiegelung der Hirnholzflächen z. B. mit Bootslack** oder **wasserabweisenden Dickschichtlasuren** bewährt. Eine zusätzliche Beschichtung z.B. mit einer Imprägnierlasur bringt keinen ausreichenden Effekt.

Eine **optimale Holzschutzbeschichtung** sollte die Eigenschaften einer atmungsaktiven Regenschutzbekleidung in sich vereinen:

- **äußere Abweisung von Regenwasser und Feuchtigkeit**

- **von innen eine hohe Wasserdampfdurchlässigkeit**, um ein Auffeuchten des Holzes zu verhindern.

Darüber hinaus muß ein ausreichender **Schutz vor der schädigenden UV-Strahlung** vorhanden sein und bei transparenten Beschichtungen die Holzmaserung sichtbar bleiben.

Deshalb ist eine gute Beschichtung mehr als reine „Sonnencreme" fürs Holz.

Der Holzliebhaber schätzt den Holzcharakter, insbesondere die Holzmaserung, und möchte diese auch trotz einer Beschichtung so hell wie möglich sichtbar erhalten.

In der Vergangenheit wurden **transparente „klare" Ölfarben oder Lacke** verwendet. Diese hatten den Nachteil, vorzeitig zu verwittern oder zu reißen und dann abzublättern.

Deshalb begann vor etwa 30 Jahren der Siegeszug der **Imprägnier-** und der **Dünnschichtlasuren**. Diese witterten erodierend ab ohne abzublättern und ließen sich leicht renovieren. Auch ein guter UV-Schutz schien durch den Einsatz von transparenten Eisenoxidpigmenten möglich. Je feiner die Pigmente waren, desto tiefer drangen sie in die Holzporen ein und um so brillanter war die Holzmaserung eingefärbt erkennbar. Nun zeigte sich aber, daß zu helle, zu gering pigmentierte oder farblose Lasuren keinen ausreichenden UV-Schutz bieten: Unter dem Anstrich vergraut das Holz.

Verhalten von Beschichtungen bei UV-Strahlung

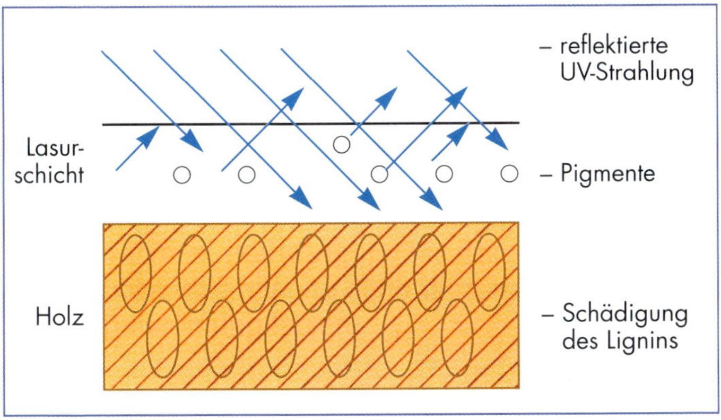

Eine zu gering pigmentierte Beschichtung führt zum Holzabbau. Pigmente, die das UV-Licht reflektieren bzw. absorbieren und dadurch verhindern sollen, daß die UV-Strahlung das Holz erreicht, fehlen. Die Folge: Das Holz wird unter der Beschichtung grau, und der Anstrich verliert seine Haftung und blättert ab.

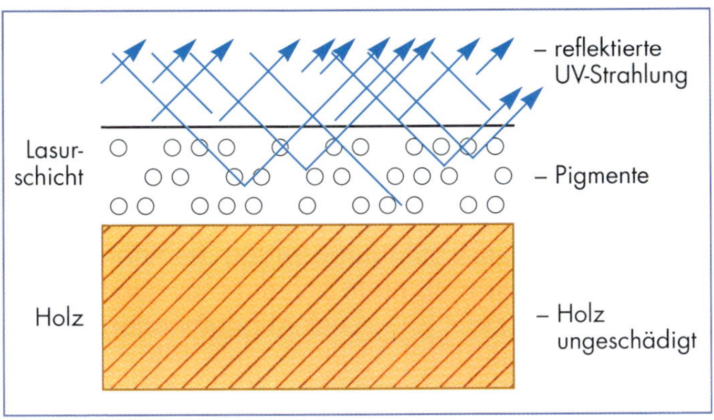

Nur eine ausreichend pigmentierte Beschichtung schützt das Holz. Die UV-Strahlung kann das Holz nicht erreichen. Bei einer Lasur hingegen muß das sichtbare Licht durch die Beschichtung hindurchgehen. Dadurch wird die gefärbte Maserung des Holzes sichtbar.

In filmbildenden Beschichtungen hat sich der Einsatz von **UV-Absorbern** neben der Pigmentierung bewährt.

Die UV-Absorber sind organische Zusätze, die die Energie der UV-Strahlung aufnehmen und in unschädliche Strahlung, u.a. Wärme, verwandeln.

UV-Absorber: Lasur Farbton „Teak“

Hohe Brillanz durch hohen Transmissionsanteil des sichtbaren Lichtes. Keine verschwommene Maserung des Holzes trotz Schutz vor schädigender UV-Strahlung.

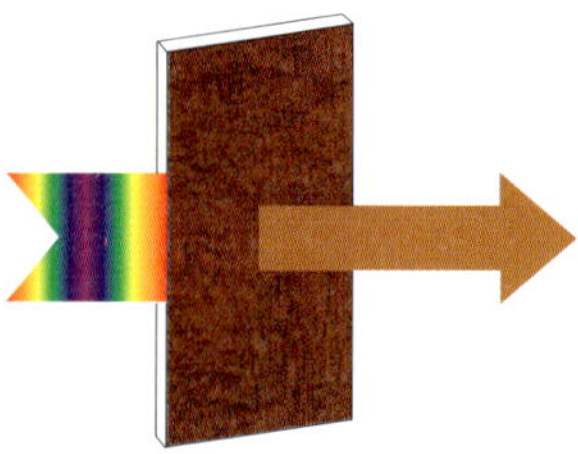

Transmission sichtbares Licht: 36%

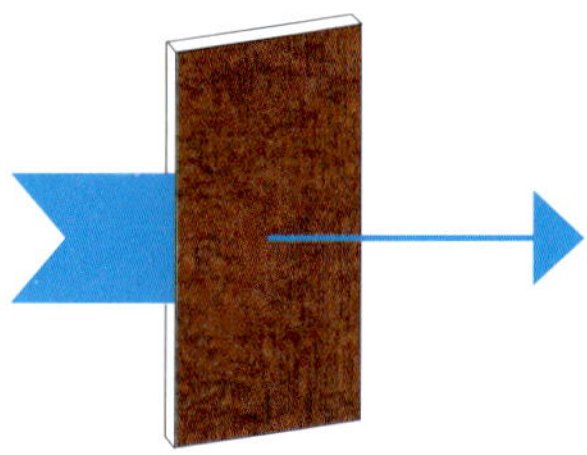

Transmission UV-Licht: < 1%

Neuere UV-schützende Zusätze sind sogenannte HALS, die vor allem die Bindemittel vor der Schädigung durch UV-Strahlung schützen. Das Geheimnis einer guten Lasur ist, daß über 99% der UV-Strahlung abgefangen wird und das Holz nicht erreicht, aber ein großer Teil des sichtbaren Lichtes die Holzfläche erreicht. Durch einen hohen Transmissionsanteil und mikrofeine Pigmente (kolloidale Pigmente) wird eine hohe Brillanz erreicht. So ist die Holzmaserung besonders klar sichtbar und nicht wie durch eine Plastikschicht verschwommen.

Eine langlebige farblose Beschichtung im Außenbereich ist zur Zeit noch nicht möglich. Was heute auf dem Markt an farblosen Lasuren angeboten wird, bedarf eines hohen Pflegeaufwandes und sorgfältiger, regelmäßiger Kontrolle.

Anforderungen an den physikalischen Holzschutz

- Schutz vor Dauerdurchfeuchtung des Holzes
- Schutz vor Quellen und Schwinden des Holzes
- Vermeidung der Rißbildung des Holzes
- Schutz vor Vergrauen des Holzes
- Schutz vor Abbau des Holzes durch UV-Strahlung
- Schutz vor Verschmutzung
- dekorative Gestaltung

Nur eine ausreichend pigmentierte Lasur oder Farbe bietet einen ausreichenden UV-Schutz. Sie verhindert den Ligninabbau und die Vergrauung des Holzes.

Das Hirnholz wird vor zu starker Wasseraufnahme durch eine Versiegelung (Bootslack) geschützt.

Belastung der Holzoberfläche durch Bewitterung

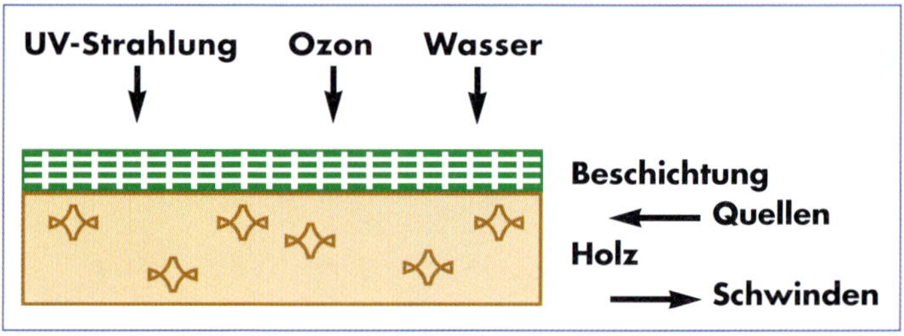

- Glanzverlust
- Vergilbung
- Verlust der Flexibilität
- Rißbildung
- Verlust der Untergrundhaftung
- Auffeuchtung des Holzes

}
- biologischer Angriff
- holzverfärbende und holzzerstörende Pilze

Durch eine regelmäßige Pflege und Wartung bleibt der physikalische Holzschutz intakt und wirkt wie ein Schutzschirm vor der Belastung und Zerstörung des Holzes durch Bewitterung.

Chemischer Holzschutz

Mit chemischen Holzschutzmitteln, die bioaktive Wirkstoffe enthalten, wird dem Entstehen von Holzschädlingen vorgebeugt oder ein Schädlingsbefall bekämpft. Diese öligen oder salzigen Holzschutzmittel können auf verschiedene Arten eingebracht werden: als Druck-, Vakuum- oder als Tauchimprägnierung oder mit den Methoden der Oberflächenbehandlung.

Druckimprägnierung

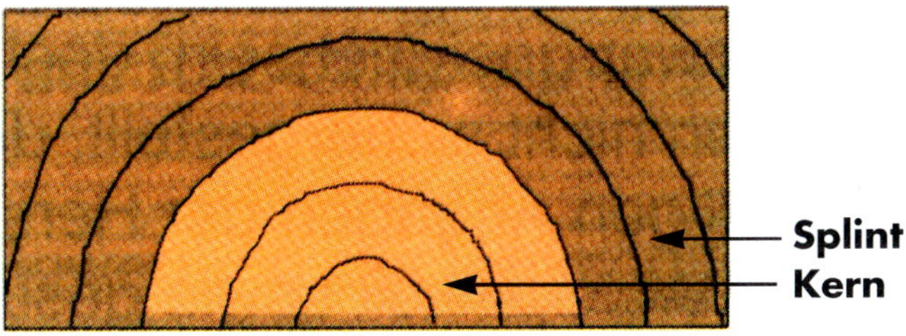

Mit der Druckimprägnierung wird eine genau vorgeschriebene Menge an Holzschutzmitteln eingebracht. Dabei wird zum Teil eine vollständige Durchdringung des Splintholzes und somit ein **Vollschutz** erreicht. Diese Hölzer haben nach der Behandlung eine hohe Holzfeuchtigkeit und können erst später bei Erreichung einer anstrichtechnisch akzeptierbaren Holzfeuchtigkeit unter 20% gestrichen werden. Beim Austrocknen entstehen Risse. Da aber der gesamte Querschnitt behandelt wurde, ist auch das Holz im Riß geschützt.

Tauchimprägnierung (Einlagerungsverfahren)

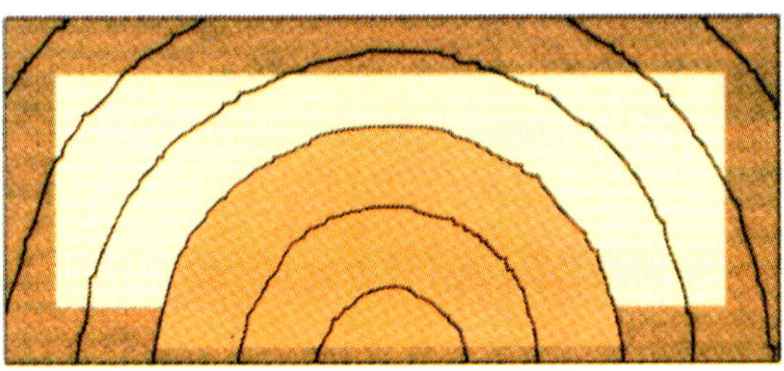

Bei der Tauchimprägnierung wird nicht der ganze Holzquerschnitt behandelt, sondern nur der Randbereich. Die Eindringtiefe ist abhängig von der Eindringdauer. Bei der Trogtränkung sind mindestens 24 Stunden Einwirkzeit erforderlich. Bei einem **Tiefenschutz** muß die Eindringtiefe größer als 10 mm sein. Bei einem **Randschutz** sind es bis 10 mm. Wenn jetzt das Holz reißt, so sind kleine Risse geschützt. Bei tiefen, großen Rissen ist nur ein Teil des Risses geschützt. Mit einem kurzen Eintauchen (Minuten) kann diese Wirkung nicht erreicht werden.

Oberflächenbehandlung

Beim Streichen, Spritzen oder Tauchen der Holzoberfläche wird in der Regel nur eine Eindringtiefe von einigen µm bis einige mm erreicht. Bei Brettern und Bohlen ist dieser **Oberflächenschutz** ausreichend. Bei Kanthölzern mit einer Stärke über 40 mm bringt eine ausschließliche Oberflächenbehandlung keinen ausreichenden, dauerhaften Schutz, wenn Schwindrisse entstehen. Dann ist das Holz im Rißbereich völlig ungeschützt. Die Rißgefahr kann durch sorgfältige Vortrocknung des Holzes vermieden werden. Wird jedoch Bauholz mit Feuchtigkeit bis zu 30% verarbeitet, so sind Rißbildung und starke Schwindung unvermeidlich.

Für statisch beanspruchte Hölzer in der Gefährdungsklasse 4 (siehe Seite 59) bringt nur das **Kesseldruckverfahren** den erforderlichen Schutz; in der Gefährdungsklasse 3 das **Niederdruckverfahren** bzw. das **Einlagerungsverfahren**. Wird nun für Fachwerk-Ständerwerk ein chemischer Holzschutz im Sinne statisch beanspruchter Hölzer vorgeschrieben, so kann nur eine Kesseldruckimprägnierung oder das Niederdruckverfahren bzw. das Einlagerungsverfahren einen ausreichenden Schutz bieten. Eine reine Oberflächenbehandlung schützt nur gegen Bläue.

Wirkstoffe in Holzschutzmitteln

Als vorbeugende Wirkstoffe gegen biologische Angriffe durch holzverfärbende, holzzerstörende Pilze und Insekten werden in Holzschutzmitteln (DIBt, RAL, Bläueschutzmittel UBA-Reg.-Nr.) je nach Verwendungszweck wasserlösliche Salze, ölige Substanzen oder lösemittelhaltige bzw. wasserbasierte Präparate eingesetzt.

Bei Holzschutzmitteln, die giftig für Fische und Fischnährtiere sind (fischtoxisch), muß grundsätzlich immer darauf geachtet werden, daß das Holzschutzmittel nicht in die Oberflächengewässer gelangen kann.

Salze

Holzschutzsalze weisen Wasser nicht ab. Deshalb sind sie nicht für maßhaltige Hölzer geeignet. Außerdem sind sie in der Regel nicht problemlos überstreichbar. Diese Holzschutzmittel werden hauptsächlich für tragende Bauteile und für Hölzer mit Bodenkontakt verwendet.

Die Salze müssen zur Verarbeitung in Wasser gelöst werden. Die vorgeschriebene Konzentration muß dabei eingehalten werden.

	B - Salze
Hauptbestandteile	Anorganische Borverbindungen wie: Borsäure, Borax, Natriumoktaborat, Natriumorthoborat, Polybor, Natriumpolyborat, Dinatriumoktaborat, Dinatriumtetraborat
Wirksamkeit	Insekten vorbeugend (Iv) pilzevorbeugend (P) Fäulnisschutz
Zertifikat	DIBt Iv, P RAL
Anwendungsbereiche	Für alle witterungsgeschützten Holzbauteile; nicht für Holz, das Niederschlägen, Erdfeuchtigkeit ausgesetzt wird oder Kontakt mit Wasser hat.
Einschränkungen / Hinweise	Nicht für Holzbauteile, die in direkten Kontakt mit Lebens- oder Futtermitteln kommen können. Toxisch für Fische und Fischnährtiere.
Anwendungsverfahren	Teilweise geeignet zur Kesseldruck- und Trogtränkung, Tauchen ggf. Streichen, Spritzen, Sprühen in stationären Anlagen.

F - Salze	CFB - Salze
ilicofluoride wie: agnesiumsilicofluorid	Bor-Fluorverbindungen, Chromate wie: Kaliumhydrogenfluorid, Ammoniumbifluorid, Ammoniumhydrogendifluorid, Borsäure, Borax, Dinatrium-tetraborat, Natriumdichromat
isekten vorbeugend (Iv) ilzevorbeugend (P)	Insekten vorbeugend (Iv) pilzevorbeugend (P)
IBt , P	DIBt Iv, P, W
ür alle witterungsgeschützten olzbauteile; nicht für Holz, das iederschlägen, Erdfeuchtigkeit usgesetzt wird oder Kontakt mit 'asser hat.	Für alle Holzteile im Innen- und Außenbau, vorzugsweise für Holz mit geringer bis mittlerer Auswasch-beanspruchung (W), jedoch nicht mit Erdkontakt oder ständigem Wasserkontakt.
icht zur großfl. Anwendung; behan-elte Flächen-/Raumvolumen <0,2 n²/m³) in Räumen, die zum dauern-en Aufenthalt von Menschen/Tieren owie zum Lagern von Lebens-/Futter-itteln bestimmt sind, wenn die Holz-auteile zum Innenraum hin nicht durch olzschutzmittelfreie Bekleidungen ogedeckt werden. Nicht für Holzbau-ile, die in dir. Kontakt mit Lebens-/uttermitteln und/oder häufig in dir. ontakt mit Mensch/Tier kommen önnen. Nichteisenmetalle und Glas önnen angegriffen werden. Toxisch ir Fische und Fischnährtiere.	Nicht zur großfl. Anwendung; behan-delte Flächen-/Raumvolumen <0,2 (m^2/m^3) in Räumen, die zum dauern-den Aufenthalt von Menschen/Tieren sowie zum Lagern von Lebens-/Futter-mitteln bestimmt sind, wenn die Holz-bauteile zum Innenraum hin nicht durch holzschutzmittelfreie Bekleidungen abgedeckt werden. Nicht für Holzbau-teile, die in dir. Kontakt mit Lebens-/Futtermitteln und/oder häufig in dir. Hautkontakt mit Mensch/Tier kommen können, es sei denn, die Bauteile werden nach abgeschlossener Behand-lung und Fixierung des Holzschutz-mittels gründl. abgewaschen. Toxisch für Fische und Fischnährtiere.
eeignet zur Kesseldruck- und 'ogtränkung, Tauchen, ggf. treichen, Spritzen in stationären nlagen.	Geeignet zur Kesseldruck- und Trogtränkung. Nicht zulässig zum Streichen, Spritzen, Sprühen, Tauchen.

	CK - Salze	CKA - Salze
Hauptbestandteile	Kupfersalze, Chromate wie: Kupferoxid, Chromoxid, Chromsäure	Kupfersalze, Arsenverbindungen und Chromate wie: Kupfersulfat, Kupferoxid, Arsenpentoxid, Natriumdichromat, Chromtrioxid, Chromoxid
Wirksamkeit	Insekten vorbeugend (Iv) pilzevorbeugend (P)	Insekten vorbeugend (Iv) pilzevorbeugend (P)
Zertifikat	DIBt Iv, P, W, E	DIBt Iv, P, W, E
Anwendungsbereiche	Für alle Holzbauteile im Innen- und Außenbau. Vorzugsweise jedoch für Holz mit starker Gefährdung durch Auswaschbeanspruchung (W). Auch geeignet für Hölzer in Erdkontakt (E) oder in ständigem Kontakt mit Wasser.	Für alle Holzbauteile im Außenbe reich. Vorzugsweise jedoch für Hölzer mit starker Gefährdung durch Auswaschbeanspruchung (W). Auch geeignet für Hölzer in Erdkontakt (E) oder in ständigem Kontakt mit Wasser.
Einschränkungen / Hinweise	Nicht zur großfl. Anwendung; behandelte Flächen-/Raumvolumen <0,2 (m^2/m^3) in Räumen, die zum dauernden Aufenthalt von Menschen/Tieren sowie zum Lagern von Lebens-/Futtermitteln bestimmt sind, wenn die Holzbauteile zum Innenraum hin nicht durch holzschutzmittelfreie Bekleidungen abgedeckt werden. Nicht für Holzbauteile, die in dir. Kontakt mit Lebens-/Futtermitteln und/oder häufig in dir. Hautkontakt mit Mensch/Tier kommen können, es sei denn, die Bauteile werden nach abgeschlossener Behandlung und Fixierung des Holzschutzmittels gründl. abgewaschen. Toxisch für Fische und Fischnährtiere.	Nicht für Innenbauteile in Naßräumen. Nicht für Holzbauteile, die in direkten Kontakt mit Leben oder Futtermitteln kommen können. Nicht für Holzbauteile, di häufig in direkten Hautkontakt mit Mensch und Tier kommen können es sei denn, die Bauteile werden nach abgeschlossener Behandlung und Fixierung des Holzschut mittels gründlich abgewaschen. Toxisch für Fische und Fischnähr tiere.
Anwendungsverfahren	Geeignet zur Kesseldrucktränkung. Nicht zulässig zum Streichen, Spritzen, Sprühen, Tauchen und zur Trogtränkung.	Nur zur Kesseldrucktränkung geeignet.

KB - Salze	CKF - Salze
pfersalze unter Zusatz von rverbindungen, Chromate wie: pfersulfat, Kupferoxid, Kupfer- oxid, Borsäure, Natriumoctaborat, romtrioxid, Chromoxid, Chrom- ure, Natriumdichromat	Kupfersalze unter Zusatz von Fluorverbindungen, Chromate wie: Kupferoxid, Zinkoxid, Ammoniumhexafluorsilikat, Chromsäure, Ammoniumdichromat, Chromoxid, Hexafluorkieselsäure
sekten vorbeugend (Iv) zevorbeugend (P)	Insekten vorbeugend (Iv) pilzevorbeugend (P)
Bt P, W, E	DIBt Iv, P, W, E
r alle Holzbauteile im Innen- d Außenbereich. Vorzugsweise doch für Hölzer mit starker swaschbeanspruchung (W). ch geeignet für Hölzer in dkontakt (E) oder in ständigem ntakt mit Wasser.	Für alle Holzbauteile im Innen- und Außenbereich. Vorzugsweise jedoch für Hölzer mit starker Auswaschbeanspruchung (W). Auch geeignet für Hölzer in Erdkontakt (E) oder in ständigem Kontakt mit Wasser.
cht zur großfl. Anwendung; behan- lte Flächen-/Raumvolumen <0,2 ^{2}/m^3) in Räumen, die zum dauern- n Aufenthalt von Menschen/Tieren wie zum Lagern von Lebens-/Futter- tteln bestimmt sind, wenn die Holz- uteile zum Innenraum hin nicht durch lzschutzmittelfreie Bekleidungen gedeckt werden. Nicht für Holzbau- le, die in dir. Kontakt mit Lebens-/ ttermitteln und/oder häufig in dir. utkontakt mit Mensch/Tier kommen nnen, es sei denn, die Bauteile rden nach abgeschlossener Behand- g und Fixierung des Holzschutz- ttels gründl. abgewaschen. Toxisch Fische und Fischnährtiere.	Nicht zur großfl. Anwendung; behandelte Flächen-/Raumvolumen <0,2 (m^2/m^3) in Räumen, die zum dauernden Aufenthalt von Menschen/Tieren sowie zum Lagern von Lebens-/Futtermitteln bestimmt sind, wenn die Holzbauteile zum Innenraum hin nicht durch holzschutzmittelfreie Bekleidungen abgedeckt werden. Nicht für Holzbauteile, die in dir. Kontakt mit Lebens-/Futtermitteln und/oder häufig in dir. Hautkontakt mit Mensch/Tier kommen können, es sei denn, die Bauteile werden nach abgeschlossener Behandlung und Fixierung des Holzschutzmittels gründl. abgewaschen. Toxisch für Fische und Fischnährtiere.
eeignet zur Kesseldruck- bzw. ogtränkung. Nicht zulässig zum reichen, Spritzen, Sprühen, uchen.	Geeignet zur Kesseldrucktränkung. Nicht zulässig zum Streichen, Spritzen, Sprühen, Tauchen und zur Trogtränkung.

	Chromfreie Kupfer-Präparate Cu-HDO, Cu-Quat, Cu-Triazol	**Quats**
Hauptbestandteile	Bis-(N-Cyclohexyl-diazeniumdioxy)-Kupfer, Kupferhydroxidcarbonat, Borsäure, Kupfercarbonat, Didecylpolyoxethylammoniumborat, N,N-Didecyl-N-methyl-Polyoxethylammoniumpropionat, N-Alkylbenzyldimethylammoniumchlorid, Kupfertetrammindihydrogencarbonat, Tebuconazol, Propiconazol	quaternäre Ammoniumverbindungen Dimethyl-benzyl-(C_{12}-C_{14})-alkylammoniumchlorid und N,N-Didecyl-N-methyl-Polyoxethylammoniumpropionat
Wirksamkeit	Insekten vorbeugend (Iv) pilzevorbeugend (P)	Insekten vorbeugend (Iv) pilzevorbeugend (P)
Zertifikat	DIBt Iv, P, W ggf. E	DIBt Iv, P, W
Anwendungsbereiche	Abhängig von der Zusammensetzung der Mittel im Innenbau oder im Außenbau ohne oder im Außenbau mit Erdkontakt.	Für alle Holzbauteile im Innen- und Außenbereich. Vorzugsweis für Hölzer mit geringer bis mittler Auswaschbeanspruchung (W). Jedoch nicht in Erdkontakt oder i ständigem Kontakt mit Wasser.
Einschränkungen / Hinweise	Nicht zur großfl. Anwendung; behandelte Flächen-/Raumvolumen < 0,2 (m^2/m^3) in Räumen, die zum dauernden Aufenthalt von Menschen/Tieren sowie zum Lagern von Lebens-/Futtermitteln bestimmt sind, wenn die Holzbauteile zum Innenraum hin nicht durch holzschutzmittelfreie Bekleidungen abgedeckt werden. Nicht für Holzbauteile, die in dir. Kontakt mit Lebens-/Futtermitteln kommen können. Toxisch für Fische und Fischnährtiere.	Nicht zur großfl. Anwendung; behandelte Flächen-/Raumvolume < 0,2 (m^2/m^3) in Räumen, die zun dauernden Aufenthalt von Menscher Tieren sowie zum Lagern von Lebens-/Futtermitteln bestimmt sind, wenn die Holzbauteile zum Innenraum hin nicht durch holzschutzmittelfreie Bekleidungen abgedeckt werden. Nicht für Holzba teile, die in direkten Kontakt mit Lebens-/Futtermitteln kommen können. Toxisch für Fische und Fischnährtiere.
Anwendungsverfahren	Geeignet zur Kesseldruck- bzw. Trogtränkung. Nicht zulässig zum Streichen, Spritzen, Sprühen, Tauchen.	Geeignet zur Kesseldruck- bzw. Trogtränkung. Nicht zulässig zun Streichen, Spritzen, Sprühen, Tauchen.

uaternäre nmonium-Borverbindungen
decylpolyoxethylammoniumborat, afluoten, Benzalkoniumchlorid, rsäure, Didecyl-dimethyl- nmoniumchlorid, Alkyl-dimethyl- nzyl-ammoniumchlorid
sekten vorbeugend (Iv) zevorbeugend (P)
Bt P, W
hängig von der Zusammenset- ng vorrangig im Innenbau oder ıßenbau ohne Erdkontakt ıwendbar.
cht zur großfl. Anwendung; handelte Flächen-/Raumvolumen 0,2 (m²/m³) in Räumen, die zum uernden Aufenthalt von Menschen/ eren sowie zum Lagern von bens-/Futtermitteln bestimmt nd, wenn die Holzbauteile zum nenraum hin nicht durch holz- hutzmittelfreie Bekleidungen gedeckt werden. Nicht für Holzbau- le, die in direkten Kontakt mit bens-/Futtermitteln kommen nnen. Toxisch für Fische und schnährtiere.
eeignet zur Kesseldruck- bzw. ogtränkung. Nicht zulässig zum reichen, Spritzen, Sprühen, uchen.

Öle, Lösemittel und wasserbasierte Holzschutzmittel

Ölige Holzschutzmittel enthalten Teeröl. Sie sind nur für spezielle Einsätze (Bahnschwellen) bestimmt. Bei der Anwendung von diesen Produkten ist die Chemikalien-Verbotsverordnung zu beachten.

Lösemittelhaltige und wasserbasierte Holzschutzmittel mit organischen Fungiziden und Insektiziden wirken vorbeugend gegen holzzerstörende Insekten und Pilze, gegebenenfalls Bläue, oder sind reine Bläueschutzmittel. Diese werkseitig bereits verarbeitungsfertig gelieferten Mittel werden für tragende Bauteile im Innenbereich und für nicht tragende Bauteile im Außenbereich verwendet.

	Teerölpräparate	lösemittelhaltige Präparate
Hauptbestandteile	reine Destillate aus Steinkohlenteeröl mit bestimmten physikalischen Eigenschaften (Carbolineen), Benzo(a)pyren	organische Fungizide und Isektizi[illegible] in organischen Lösemitteln, teilwei[illegible] angefärbt, unterschiedlicher Festkö[illegible]pergehalt wie: Tris-(N-)Cyclohex[illegible] diazeniumdioxy-Aluminium, Xylige[illegible] Al, IPBC 3-Jod-2-Propynyl-Butyl-Carbamat, Dichlofluanid, Tebuconazol, Propiconazol, Deltamethri[illegible] Permethrin, Cyfluthrin, Lindan
Wirksamkeit	Insekten vorbeugend (Iv) pilzevorbeugend (P)	Insekten vorbeugend (Iv) pilzevorbeugend (P)
Zertifikat	DIBt Iv, P, W, E	DIBt Iv, P, W
Anwendungsbereiche	Außenbau (Bahnschwellen) für Hölzer in Erdkontakt oder in ständigem Kontakt mit Wasser. Nicht für Hölzer im Innenbereich.	Außenbauteile, ggf. Innenbauteil[illegible]
Einschränkungen/Hinweise	Nicht für Innenbauteile in Naßräumen. Nicht für Holzbauteile, die in direkten Kontakt mit Lebens- oder Futtermitteln kommen können. Nicht für Holzbauteile für Kinderspielplätze. Nicht für Holzbauteile, die für sonstige mit regelmäßigem menschlichen Hautkontakt verbundene Zwecke bestimmt sind. Intensiver, lange anhaltender Eigengeruch. Die Chemikalien-Verbotsverordnung ist zu beachten!	Nicht für Holzbauteile in Aufenthaltsräumen. In anderen Räume[illegible] mit vergleichbarem Staubkontak[illegible] (z.B. nicht ausgebaute Dachräum[illegible] die zu Spielzwecken genutzt werde[illegible] können) nur mit staubdichter Bekl[illegible]dung. Nicht für Holzbauteile, die direkten Kontakt mit Lebens- ode[illegible] Futtermitteln kommen können. Te[illegible]weise sind die Mittel giftig für Fisc[illegible] und Fischnährtiere; nicht in Oberfl[illegible]chengewässer gelangen lassen.
Anwendungsverfahren	Geeignet zur Kesseldruck- und Einstelltränkung in geschlossenen Anlagen. Nicht zulässig zur offenen Trogtränkung sowie zum Streichen, Spritzen, Sprühen, Tauchen.	Geeignet teilweise nur für Druckverfahren (Doppelvakuum), Trogtränkung bzw. Streichen, Tauchen und Spritzen, Sprühen i[illegible] stationären Anlagen.

semittelhaltige, jf. wasserbasierte 'äparate	lösemittelhaltige, ggf. wasserbasierte Bläueschutzmittel
janische Fungizide und Insektizide organischen Lösemitteln, ggf. asser, teilweise pigmentiert mit terschiedlichem Festkörpergehalt e: Propiconazol, Tebuconazol, chlofluanid, Tolylfluanid, IPBC Jod-2-Propynyl-Butyl-Carbamat, ıkoctoat, Permethrin, Delta-ethrin, Cyfluthrin, Flufenoxuron	Propiconazol, IPBC, Dichlofluanid, Tolylfluanid
sekten vorbeugend (Iv) zevorbeugend (P), ggf. Bläue; ch bekämpfend gegen Insekten	Bläue vorbeugend
\L	RAL UBA-Reg.-Nr.
:hutz von Holz bei Fenstern d Außentüren vor Fäulnis und äue. Schutz statisch nicht ansspruchter Hölzer ohne dkontakt im Außenbereich.	Schutz für bläuegefährdetes Holz im Außenbereich. Innen- und Außenseiten von Fenstern und Außentüren.
cht anzuwenden bei Holz, das stimmungsgemäß in direkten ntakt mit Lebens- oder Futter-tteln kommt. Nicht für Holzbau-le in Aufenthaltsräumen. In deren Räumen mit vergleichba-m Staubkontakt nur mit Staub-:hter Bekleidung. Toxisch für sche und Fischnährtiere.	Nicht anzuwenden bei Holz im Innenbereich.
reichen, Tauchen, Fluten. ritzen nur in geschlossenen ılagen. Für Bekämpfungs-aßnahmen Schaumverfahren, ektionsverfahren, Spritzen, reichen nur durch Fachbetriebe.	Streichen, Tauchen, Fluten.

Bekämpfender Holzschutz

Sanierungskonzept

Im Gegensatz zum baulichen, physikalischen und vorbeugenden chemischen Holzschutz ist der bekämpfende Holzschutz keine Vorsorgemaßnahme mehr, sondern ein Angriff auf bereits vorhandene Schädlinge. Sein Zweck ist die Sanierung befallener Holzbauteile.

Bevor eine bekämpfende Maßnahme eingeleitet wird, sind durch Fachleute der **Schädigungsgrund**, die **Schädigungsart**, der **Schädigungsgrad** und die **Tragfähigkeit** der geschädigten Konstruktion zu begutachten und entsprechende Sanierungskonzepte zu entwickeln. Auch die **örtlichen Gegebenheiten**, z.B. Wohnräume, müssen bei der Wahl der Methode berücksichtigt werden. Aus dieser komplexen Situation ist klar ersichtlich, daß der bekämpfende Holzschutz keine Arbeit für den Selbermacher ist. Das Risiko eines ökologischen oder gesundheitlichen Schadens bei einer Fehleinschätzung bzw. Fehlanwendung kann nur eine Fachkraft einschätzen. Deshalb kann eine bekämpfende Maßnahme nur von Fachleuten sowohl geplant als auch durchgeführt werden.

Alle sofort wirkenden Holzschutzmittel mit Insektiziden wirken neurotoxisch. Deshalb ist bei Kleinanwendung durch den Selbermacher äußerste Vorsicht geboten. Ein einfaches großflächiges Überpinseln ist in der Regel nicht effektiv genug. Ein gezielter Einsatz ist notwendig, z.B. das Ausspritzen der einzelnen Fraßgänge mit dem bekämpfenden Holzschutzmittel.

Ist **Holz über 60 Jahre** alt, so ist eine bekämpfende Maßnahme nicht erforderlich. Durch **Verbesserung der Haustechnik** und **Verringerung des Feuchtegehaltes** des Holzes wird eine Gefährdung durch Insekten wie den Hausbock deutlich vermindert.

Für **Kleinmöbel** und **Kunstgegenstände** gilt das gleiche. Auch hier kann durch Heißluft (z. B. in der Sauna) ohne ein chemisches Mittel der Holzwurm getötet werden.

Bekämpfende Holzschutzmittel

Der bekämpfende Holzschutz ist in der DIN 68 800 (Holzschutz im Hochbau) Teil 4 geregelt.

Wirksamkeit der bekämpfenden Holzschutzmittel		
	gegen Pilze	**gegen Insekten**
chemische Holzschutzmittel	ja	ja
Heißluftverfahren	nein	ja
Begasungsverfahren	nein	ja

Abweichend von der Norm sind Sonderverfahren entwickelt worden:

Heißluft	Insekten- und Schwammbekämpfung
inerte Gase	Raumbegasung gegen Insekten
reaktive Gase	Insekten- und Schwammbekämpfung
Mikrowellen und Hochfrequenztechnik	Insekten- und Schwammbekämpfung
Ultraschallwellen	Insektenbekämpfung

Bevor die chemische Keule eingesetzt wird, sollten andere Möglichkeiten, z.B. das **Heißluftverfahren**, in Betracht gezogen werden. Im WTA-Merkblatt Nr. 1-1-87 werden die Bedingungen für einen sinnvollen Einsatz dieses Verfahrens beschrieben. Die Wirkungsweise des Heißluftverfahrens besteht darin, daß der Raum abgedichtet und mit Heißluft beaufschlagt wird. Beim Erreichen bestimmter Temperaturen, in der Regel mindestens +55° C im Holz, werden darin alle tierischen Holzschädlinge in allen Lebensstadien (Ei, Larve, Puppe, Käfer) abgetötet. Die Dauer der Mindesttemperatur von +55° C in der Holzquerschnittsmitte muß für mindestens 60 Minuten sichergestellt sein. Beim Heißluftverfahren ist das Holz nur soweit abzubeilen, bis die Tragfähigkeit beurteilt werden kann. Eine vollständige Entfernung wie bei den Verfahren mit chemischen Wirkstoffen ist nicht erforderlich.

Bei Blockhäusern, Fachwerkhäusern und hitzeempfindlichen Bauteilen sollte das Heißluftverfahren nicht angewendet werden. Bei Dachstühlen, die von geschützten Tieren wie Fledermäusen, Eulen oder Turmfalken bewohnt werden, sollte die Maßnahme nur bei ihrer Abwesenheit durchgeführt werden.

Nur wenn das Heißluftverfahren, z.B. bei schlecht zugänglichen Bauteilen, keine ausreichende Wirkung ermöglicht, sollten **Verfahren mit bioaktiven Wirkstoffen** (**Begasung, Injektion**) angewendet werden. Hierbei muß das geschädigte Holz jedoch bis zur tragfähigen Substanz abgebeilt werden, die Fraßgänge mit einer Drahtbürste freigelegt und mit dem bekämpfenden Holzschutzmittel behandelt werden.

Als **chemische bekämpfende Holzschutzmittel** werden für die Begasung die reaktiven Gase Brommethan, Hydrogencyanid (Blausäure), Phosphortrihydrid oder Stoffe, die diese freisetzen, verwendet. Für das Begasungsverfahren eignen sich auch Kohlendioxid und Stickstoff, vor allem in Begasungskammern. Für die bekämpfende Behandlung im Injektions- oder im Schaumverfahren werden organische Insektizide wie Cypermethrin, Deltamethrin und Permethrin verwendet.

Borsalz und Fluorverbindungen wirken äußerst langsam. So müssen Insekten bis zu 53 Wochen borsalzgetränktes Holz fressen, ehe eine Wirksamkeit eintritt!

Seit einiger Zeit ist eine neue Generation von Bekämpfungsmitteln auf Basis von **Enthäutungshemmern**, z.B. Flufenoxuron, verfügbar. Auch sie wirken langsam, da sich die Substanz erst im chitinbildenden Gewebe kumulieren muß. Bis zum Zeitpunkt der Häutung bleibt das Insekt aktiv.

Insektenbefall

Fraßgänge oder Schlupflöcher (oval oder rund) in der Holzoberfläche sagen noch nichts über eine Gefährdung aus. Deshalb muß zunächst die Aktivität des Befalls betrachtet werden:

- Sind frische Holzmehlreste sichtbar?
- Sind Fraßgeräusche hörbar?

Die zweite Frage ist die nach der Art des Schädlings. Ein **Hausbock-** oder **Nagekäferbefall** kann behandelt werden. Ein **Splintholzkäferbefall** ist in der Regel nicht sinnvoll behandelbar. Nur bei einer zu erwartenden Weiterentwicklung des Schadens und des Schädlings ist eine bekämpfende Maßnahme gerechtfertigt. Beim Befall von Splintholzkäfern, z.B. bei Abachi oder Limba (besonders gefährdete Hölzer), sollte das **Holz ausgebaut und verbrannt** werden. Es empfiehlt sich, die Bauteile dann durch neues Nadelholz zu ersetzen.

Der **Hausbockkäfer** („Holzbock") richtet vor allem an Dachstühlen Schäden an. Er befällt vorzugsweise Splintholz von Nadelhölzern und frißt ovale Gänge in den Frühholzschichten. Wärme und hohe Holzfeuchtigkeit (Fasersättigungsbereich) sind die idealen Lebensbedingungen. Frostperioden werden überlebt. Die Fraßgänge sind mit puderförmigem Bohrmehl gefüllt und die Spätholzschichten stehen wie Lamellen dazwischen. Die ovalen Ausfluglöcher sind etwa 3 - 5 mm x 5 - 8 mm groß.

Vom Hausbockkäfer zerfressener Holzbalken aus einem Dachstuhl mit defekter Dachrinne.

Vom Holzwurm befallene Holzsockelleiste in einem Altbau.

Der **Holzwurm** („Gewöhnlicher Nagekäfer") richtet weniger Schäden an Bauhölzern an, sondern hauptsächlich an Ausstattungsgegenständen. Er befällt das Splintholz von Laub- und Nadelhölzern und benötigt eine kühle, feuchte Umgebung. Möbelfüße und Sockelleisten, die gelegentlich beim Reinigen feucht werden, sind eine ideale Umgebung. Ein trockenes Heizungsklima in den Räumen verhindert die Entwicklung der Larven. Durch die Tätigkeit des Holzwurms entstehen feine, mit Bohrmehl gefüllte Fraßgänge und kreisrunde Ausfluglöcher mit einem Durchmesser von 1 - 2 mm.

Hausschwammbefall

Bei einem Hausschwammbefall sind bekämpfende Maßnahmen erforderlich. Dazu reicht nicht aus, das Holz zu entfernen und das noch intakte zu behandeln. Es muß vielmehr das Mauerwerk mitbehandelt und saniert werden. Der Hausschwamm hat die Möglichkeit, sich mit über bis zu 10 m langen Strängen aus dem feuchten Mauerwerk zu versorgen.

Im Heißluftverfahren können die Pilze nicht hundertprozentig abgetötet werden. Von den reaktiven Gasen sind für die Schwammbekämpfung viel größere Mengen notwendig als für die Insektenbekämpfung. Deshalb sind diese Verfahren unter dem Gesichtpunkt Umweltverträglichkeit, Wirksamkeit und Wirtschaftlichkeit für die Schwammbekämpfung ungeeignet.

Selektiver Holzschutz

Unter Holzschutz wird die Summe aller Maßnahmen verstanden, die die Lebensdauer des Holzes verlängern bzw. die gewünschten Eigenschaften des Holzes erhalten. In den vorhergehenden Kapiteln wurden der bauliche, der physikalische, der chemische und auch der bekämpfende Holzschutz dargestellt. Eine wichtige Voraussetzung für eine lange Haltbarkeit ist, daß das gefällte Holz schonend getrocknet wird und dann stets trocken gehalten wird.

Während in den zurückliegenden Jahrzehnten fast uneingeschränkt der chemische Holzschutz gefordert wurde, ist in den letzten Jahren ein deutlicher Umdenkungsprozeß festzustellen. Deshalb ist heute ein zielgerichteter selektiver Holzschutz von einem überzogenen chemischen Vollschutz, insbesondere bei der Beschichtung von Hölzern, zeitgemäß und vorzuziehen:

Einsatz der für den vorgesehenen Anwendungsbereich optimalen Holzart

Anwendung des baulichen Holzschutzes

Nutzung des physikalischen Holzschutzes

Einsatz des chemischen Holzschutzes nur dort, wo es unumgänglich ist

Durch den unterschiedlichen Ansatz Holz zu schützen, gibt es auf der einen Seite eingefärbte, klassische chemische Holzschutzmittel, sogenannte „All in one"-Produkte, die den vorbeugenden chemischen Holzschutz gegen Insekten und/oder holzzerstörende Pilze sowie Bläue mit einem dekorativen Anstrich verbinden. Auf der anderen Seite gibt es Beschichtungssysteme, die auf den Einsatz eines chemischen Vollschutzes verzichten und dem physikalischen Holzschutz in Kombination mit einem Bläueschutz den Vorzug geben.

Nadelhölzer und helles Merantiholz sind bläuegefährdet. Deshalb muß nur dieses rohe Holz im Außenbereich sowie Innen- und Außenseiten von Fenstern und Außentüren mit einem Bläueschutzgrund vorbehandelt werden. Bei Fenstern kann ggf. auch eine Imprägnierung gegen Bläue und holzzerstörende Pilze erforderlich sein.

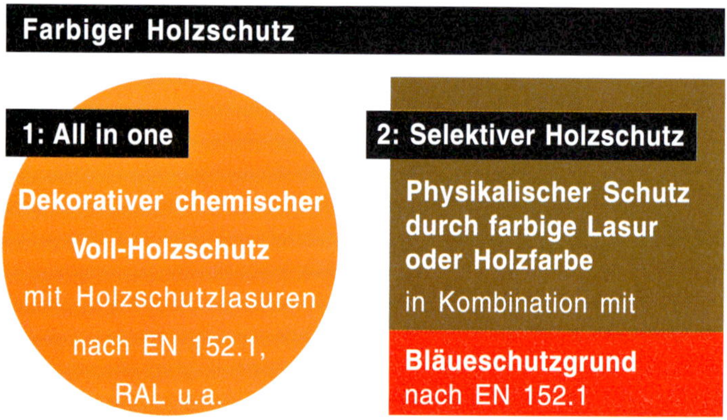

Bei den „All in one"-Holzschutzmitteln bzw. RAL-Holzschutzlasuren hat der Verarbeiter den Vorteil, nur einen Topf zu kaufen und nur aus einem Topf zu arbeiten. Der Nachteil ist aber offensichtlich: Der erste und teilweise auch noch der zweite Anstrich mit diesen Mitteln dringt ins Holz ein. Die anderen Anstriche aber nicht mehr. An der Oberfläche sind nun biozide Wirkstoffe vorhanden, die in Boden, Wasser und Luft freigesetzt werden können ohne eine holzschützende Wirkung zu haben - denn diese ist, wenn überhaupt, nur im Holz notwendig und sinnvoll. Nicht aber in der Oberflächenbeschichtung! Bei resistenten Hölzern wie Eiche, Dark Red Meranti, Robinie, Merbau u.a. ist dieser chemische Vollschutz absolut überflüssig und führt nur zu einer unnötigen Umweltbelastung.

Bei den Holzbeschichtungssystemen muß der Verarbeiter zwar für das rohe Holz einen Holzschutzgrund zusätzlich kaufen und dann noch eine Holzlasur oder Holzfarbe. Er hat aber den großen Vorteil, daß in der Endbeschichtung der Biozidanteil deutlich reduziert und dadurch die Umweltbelastung mit Bioziden ebenfalls geringer ist.

Außerdem wird bei der Renovierung nur die Verschleißschicht erneuert und zwar mit Farben oder Lasuren, die wenig oder keine Biozide enthalten. Hier zeigt der selektive Holzschutz (Holzschutzgrund + Endbeschichtung) also klare Vorteile.

Selektiver Holzschutz

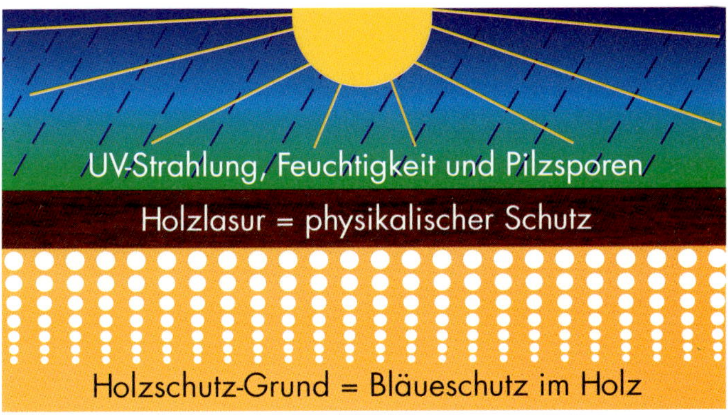

Physikalischer Holzschutz und Holzveredelung mit Bläueschutzgrund

- Schutz vor allen Wettereinflüssen wie UV-Strahlung und Feuchtigkeit
- Schutz vor Quell- und Schwindbewegungen (Reißen des Holzes)
- dekorative Gestaltung und Werterhaltung
- Schutz vor Bläue- und Schimmelpilzbefall
- Durch die fehlende Pigmentierung dringt ein Bläueschutzgrund tiefer ein als ein pigmentiertes Holzschutzmittel. Dadurch wird eine tiefere bläuefreie Zone im Holz erreicht.

Bei dem **selektiven Holzschutz** mit Beschichtungssystemen, bei denen nur das rohe Holz und nur im Fall einer potentiellen Gefährdung mit einem Holzschutzgrund (Bläueschutzgrund) behandelt wird, werden die Funktionen Holzschutz im Holz und der physikalische Holzschutz als Verschleißschicht getrennt. Dies ist ein zeitgemäßer und umweltgerechter Schutz des Holzes. Durch die Kombination des physikalischen Holzschutzes und der Holzveredelung im System mit einem Bläueschutzgrund werden alle Anforderungen erfüllt. Deshalb muß zwischen klassischen chemischen Holzschutzmitteln und Holzbeschichtungssystemen unterschieden werden.

Im **Innenbereich** ist grundsätzlich eine großflächige Anwendung weder von Holzschutzmitteln mit Biozidwirkstoffen noch mit Filmschutz notwendig und daher nicht empfehlenswert. Das ehemalige Bundesgesundheitsamt (heute BgVV) warnt ausdrücklich vor dem Einsatz von Holzschutzmitteln im Innenbereich (Wohn- und Aufenthaltsbereich von Mensch und Tier).

Teil 3: Holzbeschichtungen

Beschichtungsmittel

Die Beschichtungsmittel für Holz unterscheiden sich voneinander durch ihre **Bindemittel**, ihre **Löse- und Verdünnungsmittel**, ihre **Pigmente** und ihre **Beistoffe**, die den Verlauf, die Trocknung, den Glanz und andere Eigenschaften eines Beschichtungsmittels steuern.

Bindemittel

Leinöl

In der Vergangenheit - bevor die Alkydharze den Markt eroberten - wurden Leinöl und dessen Veredelungen als Bindemittel für Holzfarben und Lasuren verwendet. Daher stammt die Redewendung, „das Holz muß vorgeölt oder eingelassen werden". Leinöl dringt wegen seiner kleinen Moleküle sehr tief ins Holz ein. Leinöl ist aber nicht wetterbeständig und reagiert empfindlich auf Wärme: Dadurch wird das Leinöl im Holz noch

Eindringverhalten der unterschiedlichen Bindemittel in eine Holzpore

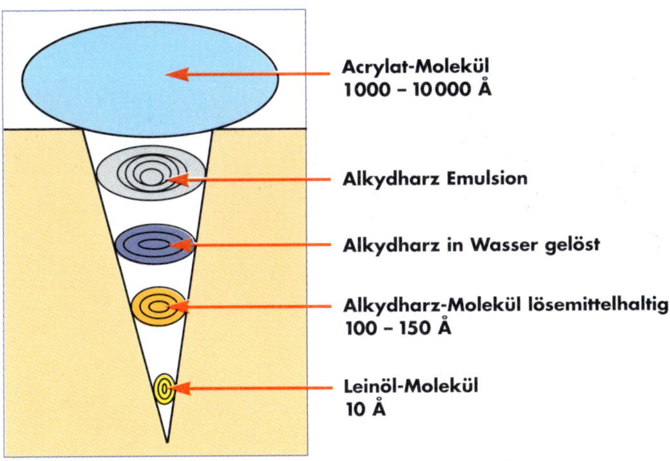

Zum Vergleich die Tüpfelgröße der Holzzelle 25 – 50 Å
1 Å = 10^{-10} m = 1/10000000 mm
Å – Angström, eine Maßeinheit aus der Röntgenspektroskopie

nach Jahren wieder mobil und kann als Gas Blasen unter den Anstrichen verursachen. Je dichter der Anstrichfilm, desto größer ist die Gefahr.

Alkydharze

Alkydharze entstehen durch Kochen von Dicarbonsäuren (z.B. Phtalsäure) mit mehrwertigen Alkoholen (Glycerin) und Fettsäuren (z.B. Leinöl, Sojaöl und Talöl).

Je nach Ölanteil wird zwischen kurzöligen (weniger als 40%), mittelöligen (40-60%) und langöligen (über 60%) Alkydharzen unterschieden. Reines Leinöl wären 100%, Polyester 0%. Der Alkydharztyp bestimmt die Elastizität, das Penetrationsvermögen und die Beständigkeit. Für Bautenfarben werden mittel- und langölige Alkydharze eingesetzt. Wie Leinöle neigen auch Alkydharze mehr oder weniger zum Vergilben.

Lösemittelhaltige Alkydharze haben eine sehr gute Penetration (Eindringverhalten) in die Holzzelle. Durch Kombination mit trocknenden Ölen kann dieser Effekt noch verstärkt werden, was z.B. bei Holzschutz- und Bläueschutzimprägnierungen ausgenutzt wird. Pigmentierte Imprägnierungen und Lasuren dringen mit den Pigmenten ca. 30 µm tief ein. Farblose Imprägnierungen haben eine noch deutlich tiefere Penetration.

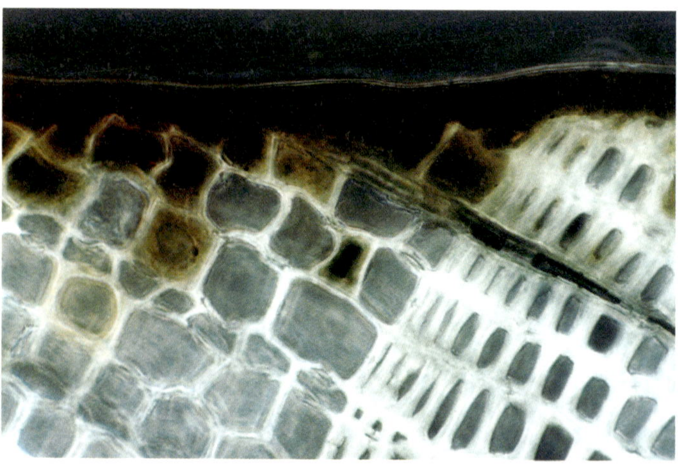

Acrylate und Dispersionen

Mit der Entwicklung von Dispersionen als Bindemittel, z.B. Acrylate und Copolymere, entstanden auch die ersten wasserbasierten Holzanstriche. Die Acrylate zeichnen sich durch hohe Elastizität, Beständigkeit und kein Vergilben aus.

Je nach Dispersionstyp können die Moleküle jedoch so groß sein, daß sie nur auf der Holzoberfläche kleben und kein Eindringen in die Holzporen bewirken. In der Vergangenheit neigten solche Anstriche zum Abblättern besonders bei Dickschichtlasuren. Deckende Holzanstriche zeigten sich dagegen sehr haltbar. Auch hier ist die Entwicklung nicht stehengeblieben. Waren diese alten Dispersionen noch milchig, so sind die aktuellen Typen bereits transparent und klar, was auf die Feinheit der Moleküle schließen läßt. Diese Bindemitteltypen zeigen schon eine begrenzte Penetration.

Emulgierte und „in Wasser gelöste“ Alkydharze

Neben diesen Dispersionen werden für wasserbasierte Lasuren auch in Wasser emulgierte Alkydharze verwendet. Die Eindringtiefe ist besser als bei den großmolekularen Dispersionen, aber deutlich geringer als bei den lösemittelhaltigen Alkydharzen und auch geringer als bei den neuen feindispersen Acrylaten.

Diese Emulsionen sehen milchig aus. Eine nach Trocknung farblose Lasur ist im Topf und im nassen Zustand weiß. Ein weiterer Innovationsschritt ist, Alkydharz in Wasser zu lösen. Dabei wird es in winzigen Tröpfchen im Wasser verteilt. Diese Tröpfchen sind extrem klein und haben ein sehr gutes Penetrationsvermögen und nähern sich - zwar noch mit Abstand - dem Eindringvermögen von lösemittelhaltigen Alkydharzen.

Heutige hochwertige wasserbasierte Holzbeschichtungssysteme nutzen durch eine geschickte Kombination der Rohstoffe die spezifischen Eigenschaften: je nach Forderung gute Penetration oder Schutz der Oberfläche, filmbildend dickschichtig oder dünnschichtig erodierend abwitternd.

Lösemittel und Verdünnungsmittel

Lösemittel haben in einem Beschichtungsmittel die Aufgabe, feste Stoffe (also die Bindemittel) durch Auflösen in eine verarbeitungsfähige flüssige Form umzuwandeln. **Aromaten** (Benzol, Xylol, Styrol), das sind ringförmige Kohlenwasserstoffmoleküle, haben in der Regel eine bessere Löseeigenschaft als die **aliphatischen**, die kettenförmigen Kohlenwasserstoffmoleküle (Benzine, Terpentinersatz). Aromaten lösen jedoch auch Fettgewebe an und werden teilweise als krebserregend eingestuft. Deshalb werden sie kaum noch als Lösemittel für Lacke und Farben verwendet. Zu den organischen Lösemitteln zählen auch **Alkohole** (Äthanol, Butanol, Methanol, Propanol), **Ester** (Äthylacetat, Butylacetat), **Glykole** (Propylglykol, Butylglykol), **Ketone** (Aceton, Methyl-Äthylketon) sowie einige **spezielle** Lösemittel.

Mit **Verdünnungsmitteln** (organische Lösemittel oder Wasser) kann die Viskosität eines bereits flüssigen Stoffs weiter reguliert werden. Lösemittel können immer als Verdünnungsmittel wirken. Umgekehrt ist jedoch ein Verdünnungsmittel nicht immer lösend. Ein Beispiel: Dispersionslackfarben und andere wasserbasierte Beschichtungen werden mit Wasser verdünnt, die darin enthaltenen Polymere werden durch das Wasser jedoch nicht gelöst - Wasser ist ein Verdünnungsmittel, aber kein Lösemittel.

Beim physikalischen Vorgang des Lösens lagern sich die Lösemittelmoleküle zwischen die Bindemittelmoleküle. Hierbei entstehen **zwischenmolekulare Kräfte**. Bei einer sehr guten Lösung sind diese Kräfte zwischen den einzelnen Bindemittelmolekülen und den einzelnen Lösemittelmolekülen in gleicher Größenordnung. Auf diese Weise läßt sich erklären, daß sich die Wahl einer Lösemittelart nicht nur nach dem jeweiligen Bedarf und der vorgesehenen Anwendung der Beschichtung (Streichen oder Spritzen) richtet, sondern daß auch für bestimmte Bindemittel nur bestimmte Lösemittel verwendet werden können.

Lacke und Lackfarben haben in der Regel ein Gemisch aus leichtflüchtigen, mittelflüchtigen und schwerflüchtigen Lösemitteln: Durch das rasche Verdunsten der leichtflüssigen Lösemittel wird der aufgetragene Lack schneller dickflüssig und steht besser auf einer Fläche ohne abzulaufen. Die langsamer verdunstenden mittel- und schwerflüchtigen Lösemittel ermöglichen, daß der Farbfilm eine ausreichende offene Zeit hat und anschließend noch zu einer glatten Oberfläche verlaufen kann.

Spritzprodukte (Lasuren, Farben und Lacke) werden mit schnell verdunstenden Lösemitteln ausgestattet, die gewährleisten müssen, daß die Beschichtung nach dem senkrechten und dicken Spritzauftrag nicht von der Fläche abläuft.

Streichprodukte (Lasuren, Farben und Lacke), die mit einem Pinsel oder einer Rolle relativ langsam aufgetragen werden, enthalten dagegen langsam verdunstende Lösemittel, die dem Verarbeiter genügend offene Zeit für einen ansatzfreien Anstrich geben.

Universalverdünnungen sind ein Gemisch aus verschiedenen Lösemitteln mit unterschiedlicher Verdunstungszeit. Dadurch wird ein breiter Bereich im Spektrum der intermolekularen Kräfte abgedeckt.

Die **Verdunstungszahl eines Lösemittels (VdZ)** ergibt sich nach DIN 53170 (Verdunstungszahlen) aus der Zeit, die eine bestimmte Menge der zu prüfenden Flüssigkeit zur Verdunstung benötigt im Vergleich zur Verdunstung der gleichen Menge Diethylether. Nach dieser Verdunstungszahl werden die Lösemittel in vier Gruppen eingeteilt.

Lösemittelgruppe	Verdunstungszahl	Beispiel	
leichtflüchtig	< 10	Diethylether Aceton	1 2,1
mittelflüchtig	10 - 35	Isopropanol	11
schwerflüchtig	35 - 50	Terpentinöl	38
sehr schwerflüchtig	> 50	Testbenzin Wasser	60 80

Wie auf jede Flüssigkeit reagiert Holz auch auf Löse- und Verdünnungsmittel: Es quillt, die Fasern stellen sich auf, und die Oberfläche wird rauh. Das Ausmaß dieser Reaktion ist bei den einzelnen Löse- und Verdünnungsmitteln höchst unterschiedlich.

Quellungen von Massivholz (Esche), radial geschnitten		
Wasser	30 min	4,71 %
Ethanol	30 min	0,84 %
Nitrozellulose	30 min	0,01 %

Wasser verursacht die größte Volumenänderung, stellt am meisten die Holzfasern auf und führt zur höchsten Rauhigkeit der Holzoberfläche. Das erklärt, warum Möbeltischler gerne mit Nitrocellulose-Lacken arbeiten, die das Holz wenig anquellen, schnell trocknen und eine gute Oberfläche ergeben. Vor allem bei der Behandlung von Furnieren werden diese Vorzüge geschätzt.

Wenn der Handwerker auch heute noch insbesondere bei Arbeiten im Außenbereich auf lösemittelhaltige Produkte nicht verzichten möchte, dann ist es vor allem wegen der spezifischen Vorteile, die nur ein lösemittelbasierter Beschichtungsstoff bieten kann:

- **gute Trocknung** auch bei ungünstigen Wetterbedingungen (Kälte, Feuchte)
- **keine Verfärbung** durch wasserlösliche Holzinhaltsstoffe (Wasser verändert die Lignocellulose im Holz)
- **geringere Aufrauhung** der Holzoberfläche

Teilweise wird die Arbeit im Außenbereich in die kritischen Wintermonate hinein verlängert - und hier bieten zur Zeit eben nur die lösemittelhaltigen Produkte eine größere Sicherheit.

In den letzten Jahren wurden aber wasserbasierte Holzfarben, Holzlacke und Lasuren entwickelt, die auch ohne bzw. mit geringerem Anteil an Lösemitteln eine hohe Qualität und gute Verarbeitungseigenschaften bieten. Sie werden von den Verarbeitern gerne angenommen. Bei Arbeiten im Innenbereich, wo die Witterungseinflüsse keine große Rolle spielen, werden inzwischen fast ausschließlich solche wasserbasierten Produkte eingesetzt.

Auch in der industriellen Verarbeitung haben sich neben Pulverbeschichtungen wasserbasierte Beschichtungssysteme einen nicht unerheblichen Anteil erkämpft. Denn durch den Verzicht auf Lösemittel werden die arbeitshygienischen Bedingungen verbessert und gleichzeitig der erforderliche Aufwand an Umweltauflagen (und damit verbundene Kosten) reduziert.

Das Ziel der Entwicklung ist es, den Lösemitteleintrag in die Umwelt und in die Erdatmosphäre in Zukunft zu mindern, so wie es heute schon an den Tankstellen mit dem Absaugen der Dämpfe realisiert ist. Denn die Lösemittel sind mitverantwortlich für das erdnahe Ozon, das zum Sommersmog beiträgt. Wo heute Alternativen und technologische Möglichkeiten vorhanden sind, sollten diese auch genutzt werden, um die Umwelt zu entlasten: Die wasserbasierten Produkte sind den lösemittelhaltigen vorzuziehen.

Welche Löse-/Verdünnungsmittel sind für welche Bindemittel geeignet?

Testbenzin	Alkohole Spiritus	Kunstharz-verdünner	Wasser
Öle Alkydharze Zyklokautschuk Bitumen Asphalt	Schellack einige Nitrozellulose-lacke	Öllacke Alkydharzlacke Zyklokautschuk-lacke Bitumenlacke Asphaltlacke	Dispersions-lacke Reinacrylate emulgierte Alkydharze

Trocknung und Filmbildung

Physikalische Trocknung

Die Lösemittel inklusive Wasser verdunsten, die Harzmoleküle fließen zusammen („kalter Fluß") und verkleben miteinander. Zum Schluß verdunsten die noch gegebenenfalls vorhandenen Lösemittelreste. Dieser Trocknungsprozeß einer Beschichtung wird als „physikalische Trocknung" bezeichnet.

Zusammenfließen der Moleküle zu einem festen Film

nasser Film **Trocknungsphase** **trockener Film**

So trocknen alle Farben, Lackfarben und Lasuren auf **Dispersions-, Acryl-** und **Reinacrylbasis.**

Chemische Trocknung

Zwei Komponenten (2K), Stammlack und Härter, werden zusammengegeben. Die Filmbildung und Aushärtung geschieht durch eine chemische Reaktion, d.h. durch Verkettung der Kom-

Filmbildung und Aushärtung durch chemische Reaktion

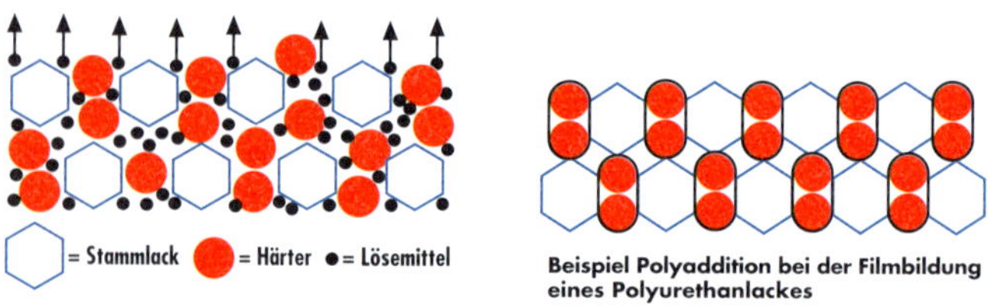

nasser Film **ausgehärteter Film**

So trocknen und härten alle **2K-Produkte**, z. B. Polyaddition bei der Filmbildung eines Polyurethanlacks.

ponenten untereinander, nachdem das Lösemittel verdunstet ist. Die chemisch ausgehärteten Beschichtungen - **Polyurethanlacke, Epoxidharzlacke** und **wasserbasierte 2K-Lacktypen** - sind besonders strapazierfähig und belastbar.

Lufttrocknende Alkydharze, oxidativ trocknende Öle

Farben auf Alkydharzbasis, Leinölbasis u.a. trocknen nach dem Verdunsten der Lösemittel durch Aufnahme von Sauerstoff aus der Luft. Durch diese Oxidation verketten sich die ungesättigten Fettsäuren zu einem Netzwerk.

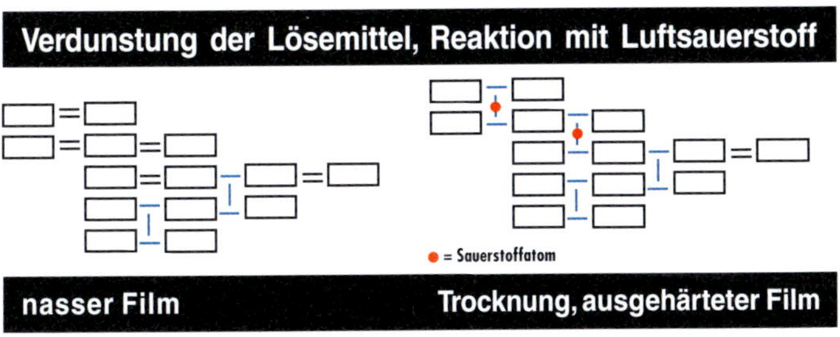

Während der Trocknung dieser Beschichtungen muß deshalb für eine gute und ausreichende Belüftung (Sauerstoffzufuhr) gesorgt werden. Niedrige Temperaturen und spezielle Holzinhaltsstoffe wirken antioxidativ und können so die Trocknung verzögern. Dies wird besonders bei der Anwendung von wasseremulgierten Alkydharzen auf Eiche und Framire beobachtet. Zum Start und zur Beschleunigung der Trocknung (Oxidation) werden den Alkydharzen in geringen Mengen Mangan, Kobalt, Zirkonium u.a. zugesetzt. Diese Sikkative wirken wie Katalysatoren. Früher wurde auch Blei verwendet, heute nicht mehr.

Lasuren und Lackfarben auf Alkydharzbasis sind kratzfester und beständiger als Ölfarben, jedoch nicht so thermoplastisch wie Beschichtungsstoffe auf Dispersionsbasis.

Hybridsysteme

Hybridsysteme sind Kombinationen von unterschiedlichen Bindemitteltypen, z.B. Reinacrylat mit wasseremulgiertem Alkydharz oder in Wasser gelöstem Alkydharz. Hier wird die gute Haftung zum Holz der Alkydharze mit der Elastizität und der guten Witterungsbeständigkeit der Reinacrylate kombiniert. Diese Beschichtungen trocknen sowohl physikalisch durch kalten Fluß als auch oxidativ. Deshalb werden diese Beschichtungstypen gerne für **deckende Holzfarben** im Außenbereich verwendet. Auch hier muß für eine gute Sauerstoffzufuhr gesorgt werden.

Oxidativ trocknende Systeme (Alkydharze, Öle etc.) absorbieren das UV-Licht und verwittern deshalb. Bei Acrylaten geht das UV-Licht hindurch und schädigt das Bindemittel nicht. Deshalb haben Acrylate eine längere Haltbarkeit.

Pigmente

Basis der Farbigkeit

Pigmente sind dispergierte, mikroskopisch kleine Kristalle und nicht wie Farbstoffe molekular gelöst. Die Eigenschaften der Pigmente werden durch die chemische Konstitution der entsprechenden Verbindungen, durch die kristallographischen und physikalischen Eigenschaften beeinflußt. Die optischen und technischen Eigenschaften werden von den Teilchengrößen sehr stark mitbestimmt. Wichtige Eigenschaften sind **Farbton, Farbstärke (Farbvermögen), Deckvermögen, Gebrauchs- und Verarbeitungsechtheiten, Wetterechtheit, UV-Lichtechtheit, Wärmeechtheit** und **Überlackierechtheit**. Wird ein roter Anstrich mit einem weißen Schriftzug übermalt, darf das Rote nicht ins Weiße ausbluten. Hinzu kommt die **Verträglichkeit mit den Binde- und Lösemitteln.** Die Pigmente sollten in dem Anstrichmittel in der Schwebe bleiben und dürfen sich im Topf nicht als Bodensatz absetzen.

Kristallgrößenvergleich verschiedener Pigmente

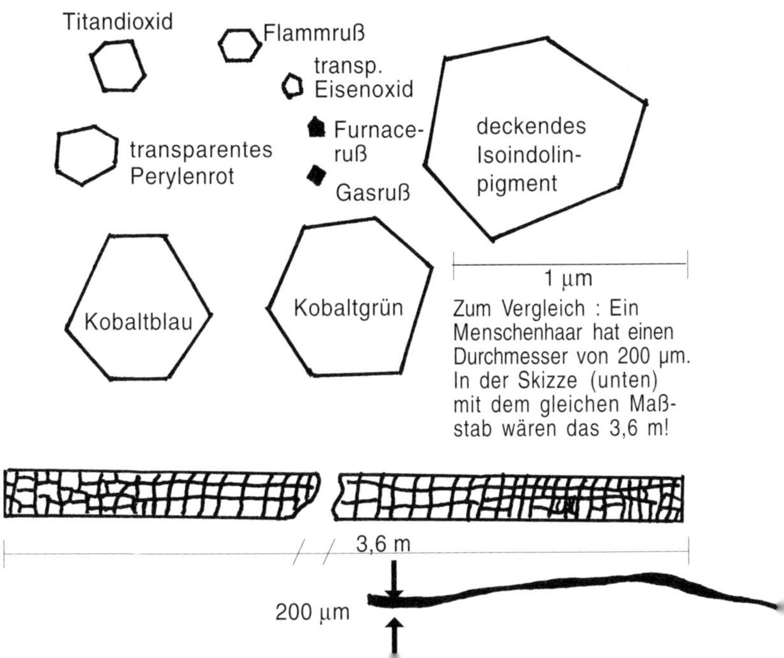

Buntpigmente (anorganisch)

Die wichtigsten anorganischen Pigmente sind einfach gebaute chemische Verbindungen der Übergangsmetalle wie Oxide, Sulfide, Sulfate, Chromate oder Komplexverbindungen.

Oxide

- **Eisen**
  - Eisenoxidgelb
  - Eisenoxidrot
  - Eisenoxidschwarz
- **Chrom**
  - Chromoxidgrün
- **Rutiltyp**
  - Nickeltitangelb
  - Chromrutilgelb
- **Spinelltyp**
  - Kobaltblau

Chromate

- **Blei**
  - Chromgelb
  - Molybdatrot

Sulfide

- **Cadmium**
  - Cadmiumgelb
  - Cadmiumrot
  - Ultramarinblau

Cyanide

- **Eisen**
  - Eisenblau

Das wichtigste Weißpigment ist **Titandioxid**.
Das wichtigste Schwarzpigment ist **Ruß (Kohlenstoff)**.
Wegen der Schwermetallproblematik werden die Pigmente auf Basis Blei und Cadmium durch Bismutvanadat (gelb) und organische Pigmente ersetzt.

Buntpigmente (organisch)

Azopigmente

Gelb
Rot

polycyclische Pigmente

Perylene
Chinacridone (rot)

unlösliche salzartige Pigmente

basische Komplexsalze

Phthalocyanine

Blau
Grün

Darüber hinaus gibt es noch eine Vielzahl anderer Pigmente mit unterschiedlichem chemischen Aufbau.

Fällt weißes Licht auf eine pigmentierte glatte Oberfläche, wird ein Teil des Lichtes in eine bestimmte Raumrichtung reflektiert und ergibt den optischen Eindruck des Glanzes. Das Licht, das in die Farbschicht eindringt, wird teilweise von den Pigmenten absorbiert und teilweise diffus „reflektiert“ (zurückgeworfen). Dies bezeichnet man als **Remission**. Das Auge nimmt die remittierte Strahlung des Restspektrums als Farbe wahr. Licht, das auf ein Pigmentteilchen fällt, kann auch gestreut, das heißt abgelenkt werden.

Das **Deckvermögen** ist die Eigenschaft, den Kontrast zwischen einem weißen und schwarzen Untergrund aufzuheben, d. h. der Farbton ist unabhängig vom Untergrund gleich. Zum Test wird ein Pappkarton mit einem schwarzweißen Schachbrettmuster genommen. Ein Weiß- oder Buntpigment deckt umso stärker, je mehr das nicht absorbierte Licht gestreut wird. Für die Streuung ist jedoch in der Kurve ein Maximum vorhanden, so daß es für jedes Pigment eine optimale Teilchengrößenverteilung gibt, für die das Deckvermögen am besten ist.

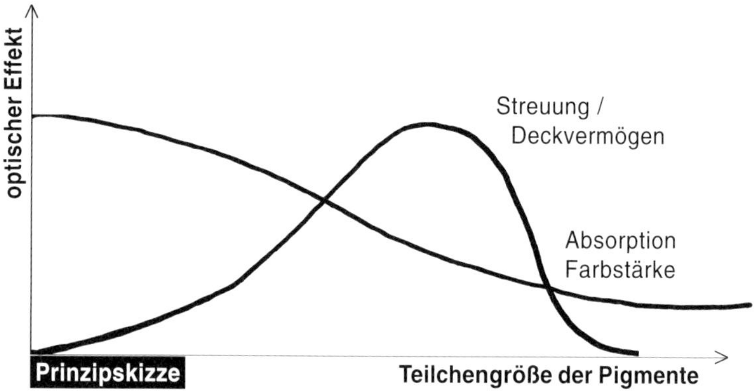

Die Streuung bestimmt also den optischen Eindruck, ob ein Pigment deckend oder lasierend ist. Eine hohe Farbstärke wird bei sehr feinen Teilchen erreicht. Diese Farbstärke kann durch eine Feinverteilung der Pigmente nicht beliebig gesteigert werden. Das Maximum der Streuung fällt nicht mit der höchsten Absorption zusammen. Jedes Pigment ist ein Kompromiß zwischen Teilchengröße, Farbstärke und Deckvermögen. Die Auswahl der Pigmente richtet sich also nach dem Einsatzzweck, ob lasierende oder deckende Beschichtung, leuchtende oder gebrochene Farben gewünscht sind.

Farbmittel	Remission	Streuung	Absorption
organische Farbstoffe	ja	nein	ja
Weißpigmente	ja	ja	nein
Schwarzpigmente	nein	nein	ja
organische Buntpigmente	teilweise	teilweise	ja
anorganische Buntpigmente	teilweise	teilweise	ja

Entstehung der Farbwirkung

Unser sichtbares Licht läßt sich mit einem Prisma in die einzelnen Spektralfarben wie beim Regenbogen durch die Wassertropfen zerlegen. Ein farbiger Anstrich absorbiert einen Teil der auftreffenden Lichtanteile und reflektiert (remittiert) nur die farbig sichtbaren Lichtwellen. Bei Rot wird also das rote Licht reflektiert, das dann in das Auge des Betrachters fällt. Deshalb sieht der Betrachter die Farbe Rot. Da der Betrachter das Objekt aber aus jeder Richtung rot sieht, wird das Licht nicht nur in eine exakte Richtung reflektiert, sondern in alle Richtungen gestreut. Das wird mit dem Fachausdruck **Remission** beschrieben.

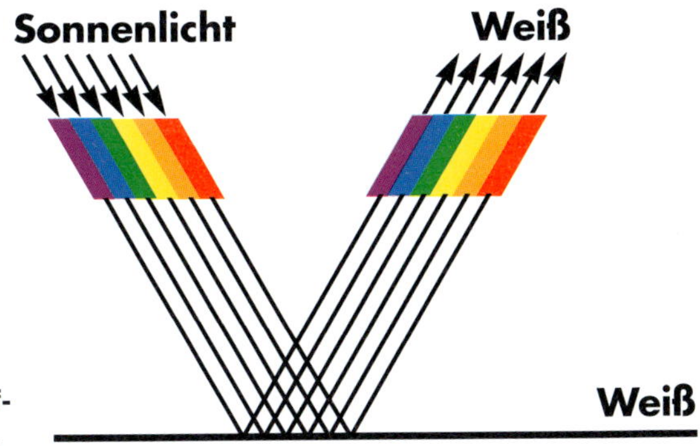

Ein weißer Anstrich reflektiert alles auftreffende Licht.

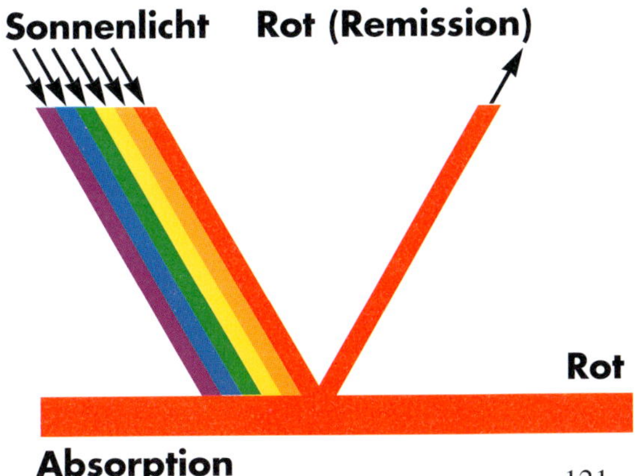

Farbige Anstriche absorbieren einige Lichtanteile und reflektieren (remittieren) nur die farbig sichtbaren Lichtwellen.

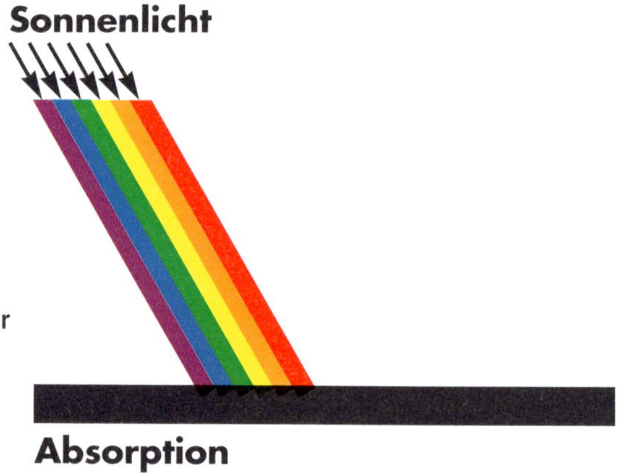

Ein schwarzer Anstrich absorbiert das Licht.

Farbton und Oberflächentemperatur

Dunkle Anstriche heizen sich bei Sonnenbestrahlung mehr auf als helle. Die Wärme bewirkt im Holz einen starken Harzfluß, der Anstrichfilm spannt, und es entstehen Mikrorisse. Harzreiches Holz sollte deshalb nicht dunkel gestrichen werden. Mittlere Farbtöne bieten den besten UV-Schutz, eine geringere Temperaturbelastung und eine längere Haltbarkeit der Beschichtung.

Oberflächentemperatur von Beschichtungen

deckend:				lasierend:	
Tönung:	RAL-Farbton Nr.:	Farbton:		Farbton:	Tönung:
dunkel	9005	Schwarz			
	8003	Siena	80°C		
	7031	Blaugrau		Ebenholz	dunkel
	6001	Resedagrün		Dunkelbraun	
	5007	Brillantblau	70°C	Nuß	
	3003	Rubinrot		Mittelbraun	mittel
				Teak	
mittel			60°C	Mittelrot	
	3000	Feuerrot		Eiche	hell
	2002	Blutorange		Hellbraun	
			50°C	Eiche hell	
hell	1015	Hellelfenbein			
	1004	Gelb			
	9001	Weiß	40°C		

Farblos, lasierend oder deckend?

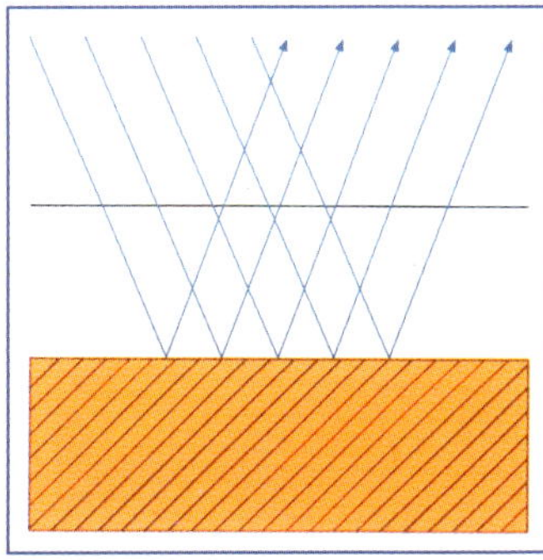

Bei einem **farblosen Anstrich** gehen das sichtbare Licht und zum Teil die UV-Strahlen bis zum Holzuntergrund hindurch. Die Holzmaserung bleibt bis auf leichte Farbänderungen voll transparent. Bei farblosen Beschichtungen ist eine Verstärkung der holztypischen Eigenfarbe nicht zu vermeiden. Deshalb ist es empfehlenswert, vor dem Anstrich an einer nicht sichtbaren Stelle oder an einem Holzmuster einen Probeanstrich zu setzen.

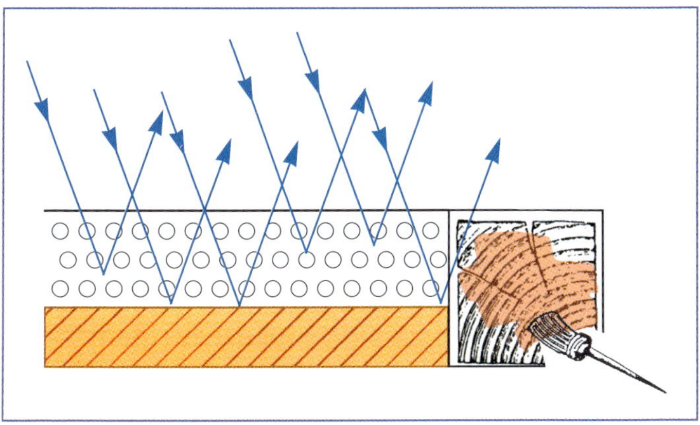

Lasierenden Beschichtungen sind transparente Pigmente zugesetzt. Nur ein Teil des auftreffenden Lichtes wird reflektiert bzw. absorbiert. Der Rest dringt durch und erreicht den Untergrund, der dann angefärbt sichtbar wird. Mikronisierte oder kolloidale Pigmente haben eine Teilchengröße unter 0,4 µm. Sie decken kaum, lasieren nur, reflektieren bzw. absorbieren aber die schädlichen UV-Strahlen sehr gut. Wird eine Lasur aus nichttransparenten Pigmenten hergestellt, indem der Pigmentanteil nur verringert wird, so fehlt dem Lasuranstrich die Brillanz, und die Holzmaserung ist nur verschwommen sichtbar. Die Holzart und Eigenholzfarbe bestimmen die Farbwirkung mit. Eine weiße Lasur kann deshalb keinen einheitlichen weißen, „deckenden“ Effekt erreichen, sondern ein transparent weißes Erscheinungsbild der Holzmaserung. Ist der Holzuntergrund bereits dunkelbraun, so kann mit einer weißen Lasur nur ein hellbrauner, beiger Lasurfarbton erreicht werden.

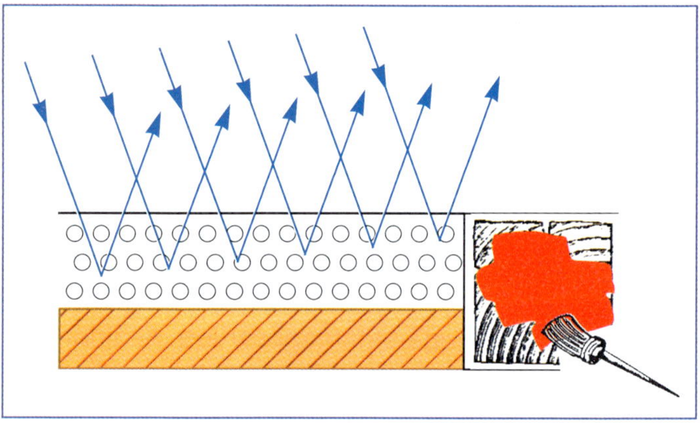

Bei einem **deckenden Anstrich** ist der gesamte Farbfilm mit Pigmenten besetzt, so daß der Untergrund nicht mehr durchscheint. Das gesamte Licht wird reflektiert bzw. absorbiert. Der Holzuntergrund wird weder von UV-Strahlen noch von sichtbaren Strahlen erreicht. Die Oberflächenstruktur wie Rauhigkeit und Abgrenzung Frühholz/Spätholz bleibt je nach Schichtdicke der Beschichtung erhalten. Glänzende Beschichtungen verstärken die Unebenheiten der Holzoberfläche, matte verschleiern sie.

Die Arten der Beschichtungsstoffe

Beizen

Bei einer Beize werden entweder Farbstofflösungen oder Chemikalien verwendet, die die Holzfasern anfärben. Durch das Beizen wird das Holz nicht geschützt. Deshalb kann dieses Verfahren nur für Hölzer im Innenbereich verwendet werden.

Durch das Beizen kann das Holz auch in den typischen Farbton einer höherwertigen Holzart veredelt werden. So können aus preiswerteren Holzfurnieren Möbeloberflächen in „Nußbaum" entstehen.

Gebeizte Flächen werden zum Schutz zusätzlich mit **Mattierungen, Ölen, Wachsen** oder anderen Mitteln oberflächenbehandelt.

Eine farbliche Anpassung oder Oberflächenveredelung kann auch mit einer **Innenlasur** erreicht werden. Da hierbei mit dem gleichen Produkt in einem Arbeitsgang die Oberfläche farbig gestaltet und zugleich geschützt wird, bedarf sie keiner weiteren Oberflächenbehandlung mehr.

Lasuren

Bei Lasuren werden Pigmente, das sind organische oder anorganische Farbteilchen, verwendet. Diese sind im Gegensatz zu Farbstoffen in Binde- und Lösemitteln unlöslich.

Imprägnierlasuren

Herkömmliche Imprägnierlasuren haben einen niedrigen Festkörpergehalt. Sie dringen gut ins Holz ein, bieten aber wegen der geringen Schichtdicke von einigen µm bzw. des nicht vorhandenen Filmes nur einen geringen, temporären physikalischen Holzschutz. Diese Lasuren wittern schnell ab und müssen daher frühzeitig renoviert werden. Durch einen Zusatz von Bioziden können die Imprägnierlasuren den Effekt eines chemischen Holzschutzmittels erhalten.

Dünnschichtlasuren

Dünnschichtlasuren haben in der Regel einen Festkörpergehalt bis 30% und geben einen guten physikalischen Holzschutz. Sie wittern erodierend ab, d.h. Molekülschicht für Molekülschicht, so daß sie nicht zum Abblättern neigen. Diese Lasurtypen werden vorwiegend auf nicht maßhaltigen Außenbauteilen wie Dachuntersichten und Fassadenverkleidungen etc. eingesetzt.

Neuartige wasserbasierte Dünnschichtlasuren auf feinstverteilter Reinacrylatbasis haben einen deutlich niedrigeren Festkörpergehalt als die herkömmlichen lösemittelhaltigen Alkyd-Dünnschichtlasuren. Dadurch ist eine Abgrenzung zu den Imprägnierlasuren über den Festkörpergehalt nicht mehr möglich. Bei Dünnschichtlasuren beträgt die typische Schichtdicke etwa 5 bis 10 µm pro Anstrich.

Dickschichtlasuren

Dickschichtlasuren haben einen Festkörpergehalt von 30 bis 60% und sind daher filmbildend. Dadurch ist eine höhere Wasserabweisung und ein geringeres Wasseraufnahmevermögen vorhanden. Deshalb werden sie bevorzugt bei maßhaltigen Bauteilen (Fenster, Außentüren) eingesetzt. Die industriellen Fensterbeschichtungen sind heute vorwiegend wasserbasierte Dickschichtlasuren mit einer Trockenfilmstärke von bis zu 120 µm.

Die vom Rosenheimer Institut für Fenstertechnik empfohlenen Schichtdicken (deckend 100 bis 120 µm, lasierend 60 bis 80 µm) können nur mit einer Spritzapplikation erzielt werden. Im Streichverfahren können mit einer Dickschichtlasur jedoch nur etwa 15 µm pro Anstrich aufgetragen werden.

Beschichtungen mit Dickschichtlasuren haben zwar eine lange Haltbarkeit, müssen jedoch regelmäßig inspiziert werden. Werden kleine Schäden nicht sofort ausgebessert, so kann Feuchtigkeit den Lasurfilm unterwandern, und dies kann sehr schnell zum Abblättern führen. Deshalb muß eine Renovierung rechtzeitig erfolgen, bevor Schäden entstehen können.

Deckende Holzfarben

In der Vergangenheit wurden **Ölfarben** verwendet. Heute kommen diese Farbtypen bei Restaurationsarbeiten wieder zum Einsatz. Ölfarben wittern schneller ab und neigen zum Kreiden. Zeitgemäße Holzbeschichtungen sind auf Copolymerisatharzbasis, Reinacrylatbasis oder als Hybridsysteme (Reinacrylat, Alkydharz) aufgebaut.

Alkydharzfarben haben sich wegen der sehr wasserdampfdichten Beschichtung und damit der Gefahr des Abblätterns als Beschichtungssysteme auf nicht maßhaltigen Holzbauteilen nicht bewährt. Gute Holzfarben zeichnen sich durch einen niedrigen S_dH_2O-Wert aus. Dies ist das Maß für die Wasserdampfdurchlässigkeit der Beschichtung. Außerdem soll die Holzstruktur erhalten bleiben und nicht wie mit einem „Plastikfilm" zugedeckt werden. Für Holzbeschichtungen sollte nach Anregung der Denkmalpfleger der S_dH_2O-Wert kleiner als 0,5 sein. Diese Forderung bezieht sich insbesondere auf Fachwerkhäuser, damit die Holzbalken nicht unter dem Farbfilm faulen. Einen wissenschaftlichen Beweis gibt es hierfür jedoch nicht. Bei weißen, wäßrigen Beschichtungen kann es zu gelben/braunen **Farbdurchschlägen** von wasserlöslichen **Holzinhaltsstoffen** kommen. Deshalb sollte hier vor dem Anstrich ein Sperrgrund oder eine lösemittelhaltige Beschichtung gewählt werden. Besonders kritische Holzarten sind Eiche, Merbau, Red Cedar, Framire u.a.

Ein Durchschlagen von Ästen und Harzen läßt sich anstrichtechnisch nicht verhindern.

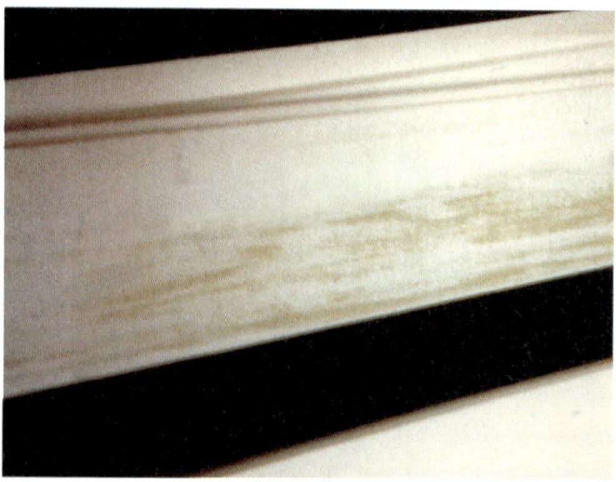

Farbdurchschläge einer weißen, wasserbasierten Holzfarbe auf Red Cedar: Die wasserlöslichen, färbenden Holzinhaltsstoffe werden durch Feuchtigkeit aus dem Anstrich an die Oberfläche transportiert.

Naturfarben, Naturlacke, Wachse

Naturlacke, oft auch als Bio-Lacke bezeichnet, stellen sich als ökologisch dar, weil in der Regel nachwachsende Rohstoffe wie Harze, Öle, Wachse oder Terpene verwendet werden. Dies darf aber nicht als Maßstab für eine „ungefährliche" Verarbeitung gewertet werden.

„Bio-Lacke" wie Farben und Lasuren für Holz enthalten **Terpene** und **Zitrusterpene** als Löse- und Verdünnungsmittel. Diese sind kennzeichnungspflichtig. Zitrusterpene können allergieauslösend wirken. Wird aus natürlichem Terpentinöl das Delta-3-Carren nicht entfernt, so kann es Allergien auslösen, was zur **Malerkrätze**, einer schweren Hauterkrankung, führt.

Aus anwendungstechnischen Gründen oder der Gebrauchseigenschaften wegen bieten diese „Naturprodukte" keinen Vorteil. Es ist vorwiegend Ausdruck einer Weltanschauung. Auch Biolösemittel sind wie alle anderen für das erdnahe Ozon mitverantwortlich. Um hier einer Verharmlosung der Gefahr bei Holzschutzmitteln vorzubeugen, wurde in der freiwilligen Selbstverpflichtung der Industrie die Verwendung der Begriffe wie öko, bio, natürlich, unbedenklich und umweltfreundlich untersagt, wenn eine biologische oder chemische Holzschutzwirkung ausgelobt wird.

Werden oxidativ trocknende **Öle** oder Harze verwendet, so muß auch hier ein Sikkativ, z.B. Kobalt, zugesetzt werden.

Im Innenbereich werden **Wachse** hauptsächlich wegen des gewünschten optischen Effekts eingesetzt. Ist Holz einmal mit Wachs behandelt worden, so sollte es auch immer wieder mit Wachs nachbehandelt werden, da andere Beschichtungen darauf nicht mehr ausreichend haften. Spezielle **Wachslasuren** oder wachshaltige **Innenlasuren** sind so konzipiert, daß sie später auch mit anderen Beschichtungsstoffen überarbeitet werden können. Deshalb gilt hier der Rat, vorher Informationen vom Hersteller einzuholen. Das gleiche gilt für Öle und ölhaltige Anstriche.

High Solid Lacke

High Solid Lacke entstammen einer neuen Technologie. Sie zeichnen sich durch einen sehr hohen Festkörpergehalt (Bindemittelgehalt) aus. Dadurch wird der Anteil der Lösemittel inklusive der Verdünnungsmittel verringert.

Es bleiben aber die Vorteile einer lösemittelhaltigen Beschichtung erhalten. Es kann jedoch ein höherer Farbfilm bei jedem Anstrich aufgebracht werden.

Anforderungen an Holzbeschichtungssysteme

- gute Imprägnierung/Eindringung in das Holz
- UV-Undurchlässigkeit, um den Ligninabbau zu verhindern
- gleichmäßige Schicht und Farbgebung
- Farbtonstabilität/Farbtonkonstanz des Holzes
- gute Wasserdampfdurchlässigkeit
- guter Schutz vor Schlagregen und Auffeuchtung
- Maßhaltigkeitseinhaltung bei Fenstern und Türen
- Dauerelastizität des Films (kein Reißen oder Abblättern)
- Schutzfunktion gegen das Vergrauen des Holzes
- Schutzfunktion gegen das Reißen des Holzes
- Schutz vor Bläue im System
- Schutz vor Schimmel und Vergrünung
- leichte Renovierbarkeit ohne Abschleifen
- Umweltfreundlichkeit
- geringe Biozidbelastung

Eigenschaften der Beschichtungen

Viskosität / Rheologie

Beschichtungsstoffe wie Grundierungen, Imprägnierungen, Lasuren und Farben können dünnflüssig wie Wasser, cremig oder sogar geleeartig wie ein Wackelpudding sein. Die **Viskosität** beschreibt das Fließverhalten der Moleküle einer Flüssigkeit ohne äußere Kräfteeinwirkung. Die **Rheologie** beschreibt die Fließfähigkeit der Moleküle insbesondere bei der Einwirkung von mechanischen Scherkräften (Rühren oder Streichen).

Ist die Viskosität sehr niedrig, so tropft die Farbe leicht aus dem Pinsel, und der Anstrichfilm kann leicht Läufer bilden. Die Penetration in das Holz ist bei diesen **dünnflüssigen Beschichtungen** in der Regel gut.

Tropfgehemmt bedeutet, daß die Farbe cremiger ist und nicht so leicht vom Pinsel tropft. Die Viskosität ist also höher. Dies kann in der Regel durch den Einsatz von Verdickungsmitteln erreicht werden.

Thixotrop ist ein Beschichtungsstoff, der im Topf einen relativ festen Zustand durch die gerüstartige Zusammenlagerung

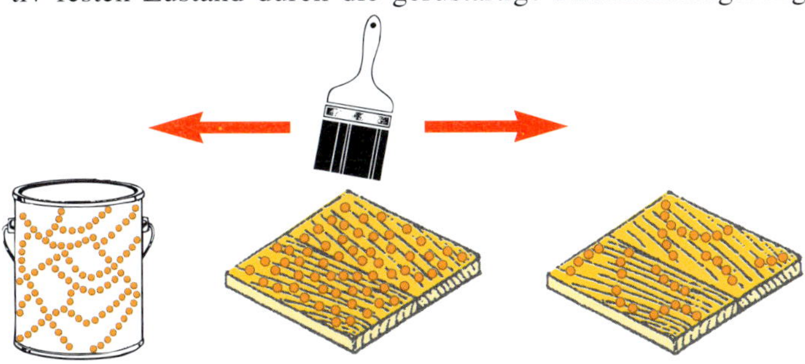

Eine thixotrope Lasur erhält einen festen Zustand wie ein Gelee durch die gerüstartige Zusammenlagerung der Moleküle.

Durch mechanische Scherkräfte beim Rühren, Quirlen oder Streichen wird das Gerüst zerstört. Die Lasur wird dünnflüssig, und die Moleküle fließen.

Wirken keine mechanischen Scherkräfte mehr, so beginnen die Moleküle sich wieder gerüstartig zusammenzulagern. Die Lasur steht, ohne zu fließen.

der Moleküle besitzt, durch mechanische Scherkräfte beim Streichen jedoch flüssig wird und verläuft. Wirken keine mechanischen Kräfte mehr, so beginnen sich die Moleküle wieder gerüstartig zusammenzulagern. Dies wird besonders beim Streichen überkopf (Dachuntersichten, Fenster etc.) geschätzt. Die Farbe kann als kompakte Masse mit dem Pinsel aufgenommen werden, ohne daß sie tropft. Dies ist bei einem tropfgehemmten Material nicht der Fall.

Wasserdampfdurchlässigkeit

Wie gut die Feuchtigkeit aus dem Holz wandern kann, hängt von seiner **Dampfdiffusionsfähigkeit** ab, also der Wasserdampfdurchlässigkeit aus dem Holz und durch das Holz hindurch. Diese ist bei den einzelnen Holzarten sehr unterschiedlich: Kiefernholz beispielsweise läßt dreimal mehr Wasserdampf durch als Red Cedar.

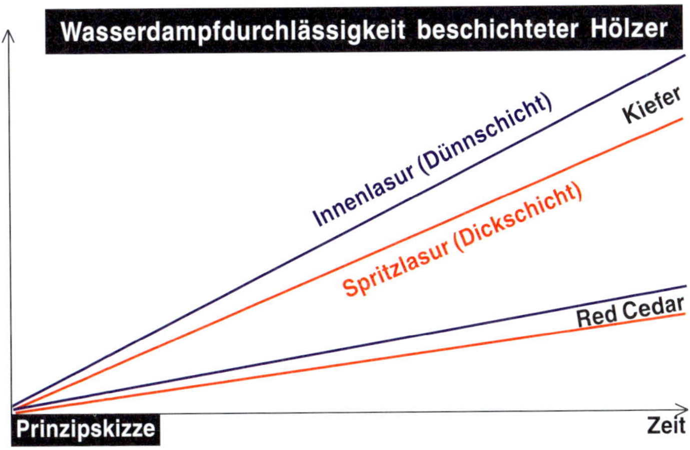

Aber auch die aufgetragene Beschichtung beeinflußt die Dampfdiffusionsfähigkeit des Holzes: Dickschichtbeschichtungen lassen weniger Dampf durch als offenporige Dünnschichtlasuren, Holzfarben oder Innenlasuren.

Um aber ein Auffeuchten des Holzes zu vermeiden, muß die Beschichtung ausreichend dampfdiffusionsfähig aber auch ausreichend wasserabweisend sein. Ein S_dH_2O-Wert von 0,5 für Holzbeschichtungen im Außenbereich wird als ausreichend diskutiert. Beschichtungen, die einen größeren Wert haben (Alkydharzlacke), bremsen den Wasserdampf sehr stark und sind deshalb z. B. für den Einsatz auf Fachwerkbalken weniger geeignet. Beschichtungen mit einem S_dH_2O-Wert unter 0,5 gelten demnach als weniger wasserdampfbremsend. Eine 100 µm dikke Reinacrylatschicht hat z.B. einen S_dH_2O-Wert von 0,3. Ähnliche Werte gelten für Hybridsysteme und Copolymere.

Ist ein Beschichtungssystem zu offen, so kann viel Wasser eindringen. Durch die großen Feuchtigkeitsschwankungen entstehen aber viele Risse im Holz.

Ist ein Beschichtungssystem zu dicht, d. h. es kann durch Risse und undichte Fugen mehr Wasser in das Holz eindringen als durch Verdunsten entweichen, feuchtet sich das Holz unter der Beschichtung auf und beginnt von innen her zu faulen.

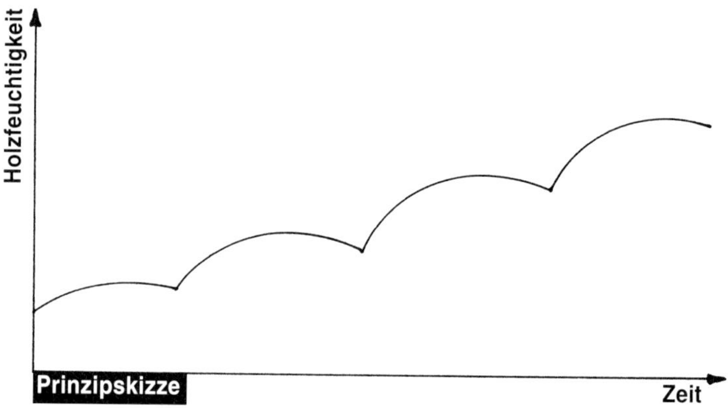

Bei Holzfenstern ist der Feuchtigkeitsanfall auf der Innenseite höher als auf der Außenseite. Das Wasser will dampfförmig von innen nach außen diffundieren und zwar fast das ganze Jahr über. Ist die äußere Beschichtung zu dampfdicht, so kann sich das Holz auffeuchten. Deshalb sollte die Innenbeschichtung wasserdampfdiffusionsdichter und die Außenbeschichtung wasserdampdiffusionsoffener sein. Das bedeutet aber, es müssen unterschiedliche Produkte eingesetzt werden. Dies ist in der heutigen industriellen Fertigung jedoch nur mit großem Aufwand möglich und daher nicht praxisgerecht.

Spritzverfahren für Beschichtungsstoffe

Streichen und Rollen sind die gängigsten Methoden, einen Beschichtungsstoff auf die Holzbauteile aufzubringen. Diese typischen manuellen Applikationen stoßen jedoch auf ihre Grenzen, wenn es im handwerklichen und industriellen Bereich gilt, Beschichtungen in Großserien oder auf großen Flächen aufzubringen. Deswegen wurde für den professionellen Verarbeiter ein spezielles rationelles Verfahren entwickelt: das **Spritzverfahren.**

Die Verfahrenskomponenten der industriellen Fensterbeschichtung

Neben dem Spritzen, d. h. Verteilen und Fördern des Beschichtungsstoffs durch Druck, werden auch andere rationelle Verfahren wie Fluten, Tauchen oder Kombinationen bei Beschichtungsautomaten verwendet. In der Serienfertigung, insbesondere bei der industriellen Fensterbeschichtung, haben sich heute Ablaufverfahren aus Fluten, Tauchen und Spritzen bewährt. Zwischen den einzelnen Arbeitsschritten erfolgt ein feiner Zwischenschliff. Die Verfahrenskomponenten in der Reihenfolge der Anwendung:

1. Tauchen oder Fluten von bläuegefährdeten Hölzern mit einem Bläueschutzgrund. Durch farblose Bläueschutzgrundie-

Flutanlage für den Auftrag von Holzschutzgrund und Tauchlasur.

rungen wird eine besonders gute Penetration erreicht, da die Pigmente fehlen. Diese Vorbehandlung ist zwingend notwendig, um einen langen tiefenwirksamen Bläueschutz zu erhalten.

2. Grundfarbgestaltung nach der Trocknung mit einer Tauchlasur. Sie ist dunkler pigmentiert als eine Spritzlasur und muß ein gutes Penetrations- und Ablaufverhalten haben, damit das Holz gleichmäßig und ohne Farbabläufer, Tropfnasen oder Flecken gefärbt wird. Bei Einzelanfertigungen kann die Tauchlasur in der Regel auch gespritzt werden.

3. Spritzlasur als Deckschicht. Spritzlasuren haben eine **kurze offene Zeit** und **trocknen sehr rasch durch**. Dadurch kann auch eine dicke Schicht (300 bis 400 µm Naßschichtdicke) in einem Arbeitsgang auf vertikalen Flächen aufgetragen werden, ohne daß das Material abläuft. Eine Spritzlasur ist im Farbton etwas heller als eine Tauchlasur, damit sich Überlappungen nicht markieren.

Zwischen den einzelnen Beschichtungsschritten ist ggf. ein leichter Zwischenschliff einzulegen.

Spritzbare Beschichtungsstoffe

Deckende Beschichtungssysteme sind in der Regel immer spritzbar, wenn sie mit dem Spritzgerät gefördert und versprüht werden können und ein entsprechender Verlauf gegeben ist.

Bei Lasuren ist das anders, da das Durchscheinen des Untergrunds und der Holzmaserung die Optik mitbestimmt: Schleier und Wolken würden den Eindruck erheblich stören. Eine Lasur ist deshalb nur dann als spritzbar zu bezeichnen, wenn sie nach dem Auftragen ohne Nachbehandlung (Verschlichten mittels Pinsel) zu einer gleichmäßigen dekorativen Oberfläche verläuft, ohne den Untergrund zu verfälschen. Streichprodukte (pigmentierte Dünnschicht- oder Dickschichtlasuren), die von einigen Herstellern als spritzbar bezeichnet werden und im Spritzgerät auch tatsächlich gefördert werden können, laufen nach dem Verspritzen an der Oberfläche wegen der langen Offenzeit unkontrollierbar ab und erfordern ein Nachstreichen mit dem Pinsel. Auch kommt es an den konstruktionsbedingt mehrfach überspritzten Flächen (Fensterecken) zu den Überlappungen (Pigmentansammlungen bzw. Wolkenbildung). Die gleichmäßige Optik der Lasuroberfläche wird dadurch gestört.

Folgen vom Spritzen einer Spritzlasur ohne Tauchlasurvorbehandlung: Nach der Bewitterung markieren sich dunkel die mehrmals überspritzten Kreuzpunkte. Verhindern kann dies eine Vorbehandlung mit einer Tauchlasur in dunklerem Originalfarbton und eine anschließende hellere Spritzlasurbeschichtung.

Die Farbtongebung der lasierenden Endbeschichtung wird im Spritzsystem vor allem mit der farbigen Tauchlasur erreicht - die Holzteile werden zuerst mit den stärker gefärbten Tauchlasuren behandelt und danach mit der weniger pigmentierten Spritzlasur überspritzt. Durch diese Systemabstimmung wird ein optimaler ansatzfreier Spritzlasurenauftrag ermöglicht. Es ist dennoch auf einen gleichmäßigen Schichtauftrag der Spritzlasur zu achten, damit später beim Abwittern keine Stellen, z. B. bei Fensterkreuzen, dunkler sichtbar werden.

Die erforderliche **Auftragsmenge** wird von den Herstellern meistens angegeben und kann vom Verarbeiter während der Verarbeitung mit einem Naßschichtdickenmeßgerät kontrolliert werden. Der Meßkamm wird senkrecht in die nasse Anstrichschicht gesteckt, und die Zahl an dem zuletzt mit Material benetzten Zacken zeigt die Schichtdicke an. Dieser Vorgang sollte mehrmals wiederholt werden, weil sich der objektiveWert der Schichtdicken erst aus dem Mittelwert der Messungen errechnet. Es gibt Naßschichtdickenmeßgeräte mit unterschiedlichen Meßbereichen, z. B. von 350 bis 600 μm.

Früher enthielten die meisten Spritzlasuren Lösemittel. Aus arbeitshygienischen und ökologischen Gründen werden heute **wasserbasierte Produkte** bevorzugt. Gefragt sind vor allem moderne Produkte, die trotz ihrer Wasserbasis die Holzfasern nicht stark hochstellen und so das viele Schleifen reduzieren.

Eine Streichlasur hat eine längere offene Zeit. Diese ist notwendig, damit auch beim langsameren Streichen mit einem Pinsel ein ansatzfreier Anstrich ermöglicht wird. Dadurch unterscheidet sich ein Streichprodukt von einem Spritzprodukt.

Spritztechnik

Das Spritzen von Beschichtungsstoffen mit Hochdruck oder mit Niederdruck war das gängige Auftragsverfahren, bis neue Technologien des luftlosen Spritzens hinzukamen. Beim Hochdruck- und beim Niederdruckspritzen wird das Spritzgut durch Druckluft bis an die Düse transportiert und dort durch eine separate Luftzufuhr zerstäubt. Der Luftdruck und die Luftmenge machen den Unterschied zwischen den beiden Verfahren aus.

Hochdruckspritzen

Beim Hochdruckspritzen preßt die im Kompressor verdichtete Luft das Spritzgut aus dem Druckkessel oder dem Spritzbecher mit einem Druck von ca. 5 bar durch eine z. B. 1,5 bis 2 mm breite Spritzdüse. Dabei wird der Beschichtungsstoff durch separate Luftzufuhr zerstäubt und ergibt eine glatte, einheitliche Oberfläche, die jedoch durch die Zerstäubungsluft eine spezielle Struktur erhält. Der Spritznebel ist unvermeidbar. Je nach Anforderungen werden große stationäre Kompressoren eingesetzt.

Diese Spritzmethode eignet sich besonders für das rationelle Auftragen von pigmentierten Holzfarben und farblosen Holzlacken. Für das Beschichten von Holzflächen wird diese Technologie vor allem im Möbelbau verwendet. Der Beschichtungsstoff muß von der Viskosität her dünnflüssig eingestellt sein und gegebenenfalls entsprechend verdünnt werden.

Niederdruckspritzen (Fine-Coat-Spritzen)

Das Niederdruck-Spritzverfahren, auch Fine-Coat genannt, funktioniert im Prinzip wie ein umgekehrter Staubsauger. Wird beim Hochdruckspritzen ein höherer Druck und eine kleine Luftmenge benötigt, so ist das beim Niederdruckverfahren umgekehrt - hier wird mit weniger Druck (ca. 0,5 bar) und mehr Luft gearbeitet. Das Material wird durch eine schmale Spritzdüse von z. B. 0,8 bis 1,8 mm versprüht.

Diese Spritzmethode eignet sich besonders für das Auftragen von Holzfarben und Holzlacken. Wegen dem relativ geringen

Förderdruck von ca. 0,5 bar und der mäßigen Spritznebelbildung wird dieses Verfahren gerne für Reparatur- und Renovierungsarbeiten sowie für die Beschichtung von Bauteilen im Innenbereich (Türrahmen, Heizkörper u.a.) angewendet. Die kleine und leichte Anlage eignet sich ideal für den mobilen Einsatz. Für spezielle Anforderungen werden auch Airlesspumpen mit noch höheren Druckwerten angeboten.

Airless-Spritzen

Seit den 70er Jahren ermöglicht das Airless-Verfahren ein luftloses nebelarmes Spritzen von Farben ohne Zerstäubungsluft. Das Airless-Spritzverfahren ergibt glatte Anstrichoberflächen. Der Beschichtungsstoff wird mittels Membranpumpen oder Kolbenpumpen (Förderdruck von maximal 240 bar) bis an die Spritzdüse gefördert und dort durch einen sehr kleinen Düsenschlitz (z. B. 0,267 mm - 0,330 mm) luftlos zerstäubt. Diese Technik macht es möglich, Spritzlasuren, Holzfarben und Holzlacke auf großen Flächen äußerst rationell zu verarbeiten. Durch die Mobilität der Geräte und das Absaugen direkt aus Großgebinden und Containern kann über lange Schlauchleitungen von einer zentralen Stelle aus gearbeitet werden, ohne das Spritzgut an der Hand mitzuführen.

Wegen der großen geförderten Materialmenge eignet sich dieses Verfahren nicht für Feinarbeiten und kleinere Flächen.

Aircoat-Spritzen

Beim Aircoat-Spritzen werden die Vorteile des Hochdruckspritzens mit denen des Airless-Spritzens kombiniert. Diese Spritzmethode eignet sich besonders für Spritzlasuren, Holzfarben und Holzlacke für qualitativ hochwertige Oberflächen an Fensterrahmen, Türen und Möbeln sowie Kleinflächen.

Beim Aircoat-Spritzen wird nur ein Förderdruck von ca. 80 bis 120 bar gebraucht. Das Material wird mittels Membranpumpe oder Kolbenpumpe (Förderdruck ca. 80 bis 120 bar) bis an die Spritzdüse (z. B. 0,267 mm bis 0,330 mm) gefördert und dort durch zusätzlich zugeführte Luft von ca. 1,5 bar zerstäubt. Durch den geringen Aufpralldruck wird ein viel weicherer und kontrollierbarer Materialauftrag ermöglicht. Die nasse Anstrichschicht wird nicht aufgewühlt, so daß eine glatte Oberfläche auch bei einer höheren Schicht erzielt werden kann. Auch bleiben die Holzelemente in der Spritzkabine ruhiger hängen.

Mit diesem Auftragsverfahren können auch Feinstarbeiten ausgeführt werden.

Elektrostatisches Aircoat-Spritzen

Beim elektrostatischen Aircoat-Spritzen werden die Farbpartikel und das Bauteil elektrostatisch aufgeladen, so daß der Beschichtungsstoff fast allseitig gleichmäßig aufgetragen werden kann. Diese Spritzmethode ist vor allem für Metalloberflächen geeignet. Für die Bearbeitung von Holzoberflächen ist sie aufgrund der schlechten Leitfähigkeit des Holzes weniger zu empfehlen. Die Handhabung ist die gleiche wie beim Aircoat-Spritzen.

Die Maschinenanlage ist aber wesentlich komplizierter, da die Pumpen und Farbcontainer nicht unter eine elektrische Spannung gesetzt werden dürfen - nur der abgesprühte Farbstrahl.

Vorbehandlung des Holzes

Einfluß der Holzfeuchte

Für das **Eindringvermögen** von Imprägnierungen, Bläueschutzgrundierungen und Dünnschichtlasuren sowie deren **Verankerung im Holz** spielt die Holzfeuchtigkeit eine entscheidende Rolle.

In der Praxis haben sich für diffusionsoffene Beschichtungssysteme auf nicht maßhaltigen Holzbauteilen Holzfeuchten von ca. 20% als unproblematisch erwiesen - sowohl bei Nadelholz als auch bei Laubholz. Bei deckenden Beschichtungen auf maßhaltigen Bauteilen soll die Holzfeuchte bei Nadelhölzern 15% und bei Laubhölzern 12% in 5 mm Tiefe gemessen nicht überschreiten (VOB/C DIN 18 363 Maler- und Lackierarbeiten, Abschnitt 3.1.1). Werden diese Holzfeuchtigkeitswerte auch bei nicht maßhaltigem Holz eingehalten, so ist dies nur von Vorteil.

Mit steigender Holzfeuchtigkeit verschlechtert sich die Verankerung der Beschichtungen in den Holzfasern. Ist eine Holzfeuchtigkeit im Bereich der Fasersättigung erreicht, so kann sich weder eine wasserbasierte noch eine lösemittelhaltige Grundierung, Imprägnierlasur oder Bläueschutzgrundierung ausreichend verankern. Das ist bei ca. 25% Holzfeuchte der Fall.

Der Fasersättigungsbereich läßt sich sehr einfach mit einem Kopierstift feststellen: Hat das Holz eine höhere Feuchtigkeit, beginnt der Strich auszubluten (zu verlaufen).

Holzfeuchte von Bauholz
nach DIN 4074 (Bauholz für Holzbauteile)

trocken	bis 20%
halbtrocken	bis 30%
halbtrocken	bis 35% bei Querschnitten über 200 cm^2
frisch	unbegrenzt, meist über 40%

Die Holzfeuchte von freistehendem Holz ohne Wetterschutz beträgt etwa 18%, von kammergetrocknetem Holz etwa 10 bis 12%. Deshalb ist es ratsam, vor dem Beginn der Beschichtungsarbeit immer zuerst die Holzfeuchte zu messen.

Bläueschutz

Rohe bläuegefährdete Hölzer im Außenbereich sowie Innen- und Außenseiten von Fenstern und Außentüren müssen mit einem Bläueschutzmittel vorbehandelt werden. Dies gilt sowohl für die Erstbeschichtung als auch für die Renovierung - und zwar nur für das rohe Holz!

Welche rohen unbehandelten Hölzer vor der Verwendung im Außenbereich einen Bläueschutz brauchen und welche nicht, zeigt die Tabelle.

Grundierung mit Bläueschutz	
erforderlich für:	**nicht erforderlich für:**
Fichte	Afromosia
Hemlock	Afzelia
Kiefer	Eiche
Lärche	Framire
Light Meranti*)	Mahagoni
Pitch Pine	Dark Red Meranti
Redwood	Teak
Sapelli-Mahagoni	
Tanne	
Western Red Cedar	
*) schlechtere helle Qualitäten	

Die Verwendung eines Bläueschutzes ist ausschließlich von der Holzart und nicht von der vorgesehenen Beschichtung (Dünnschichtlasur, Dickschichtlasur, deckende Beschichtung) abhängig.

Die bestmögliche bläueschützende Penetration und die größtmögliche bläueschützende Barriere wird durch einen unpigmentierten Bläueschutzgrund erreicht. Dieser biologische Schutz ist jedoch direkt an die vorgeschriebene **Einbringmenge** gekoppelt.

Durch Schnelltauchen können in der Regel nur 40 - 60 ml/m^2 aufgebracht werden. Beim Streichen sind es 60 - 120 ml/m^2 pro Anstrich. Sägerauhes Holz nimmt mehr Holzschutzgrund auf als glatt gehobeltes Holz. Hydrogehobeltes Holz - ein neues Holzbearbeitungsverfahren, bei dem die Holzfasern sehr stark zusammengequetscht werden - kann nur wenig Flüssigkeit aufnehmen.

Bei jedem Holzschutzmittel, auch RAL-güteüberwachten, wird die Wirksamkeit jedoch nur dann erreicht, wenn die vorgeschriebene Wirkstoffmenge, die auch Grundlage der Wirksamkeitsbewertung war, aufgebracht worden ist. Wird eine Aufbringmenge von 250 ml/m^2 vorgeschrieben, so ist diese in der Regel nicht mit zwei Anstrichen erreichbar. Dazu sind in der Praxis vier Anstriche erforderlich! Dabei ist zu beachten, daß Imprägnierlasuren durch die Pigmentierung mit jedem weiteren Anstrich immer weniger Flüssigkeit penetrieren lassen, also auch Wirkstoffe nur vermindert eindringen können. UBA-registrierte Bläueschutzgründe erreichen in der Regel mit einem Anstrich die erforderliche Aufbringmenge und den Bläueschutz.

Die **dekorative Gestaltung** und der **physikalische Langzeitschutz** der Holzoberfläche vor Feuchtigkeit, UV-Strahlung und biologischem Angriff erfolgt durch die anschließende zwei- bis dreimalige Beschichtung mit einer Dünnschichtlasur, Dickschichtlasur oder Holzfarbe.

Erstbeschichtung

Alle Holzbauteile im Außenbereich, die nach dem Einbau unzugänglich sind, müssen vor der Montage zumindest mit einem Bläueschutzgrund (nur Nadelholz), einer Grundbeschichtung und bei Fenstern zusätzlich mit einer Zwischenbeschichtung ausgestattet werden. Sonst kann später Feuchtigkeit Schäden verursachen. Der Holzlieferant bzw. der Bauteilhersteller muß deshalb mitteilen, ob das gelieferte Holz bereits vorbehandelt wurde oder ob es noch roh und unbehandelt ist. Mit den baustellenüblichen Mitteln ist dies in der Regel nicht festzustellen. Vor dem ersten Pinselstrich mit einer Holzbeschichtung müssen noch einige Vorarbeiten ausgeführt werden:

• **Scharfe Kanten** müssen durch Rundung (2 mm Krümmungsradius) gebrochen werden.

• **Äste** müssen fest verwachsen sein. Bei lasierenden Beschichtungen ist das Ausdübeln einzelner Äste erlaubt, bei deckenden Beschichtungen zwei Kettendübel bei nebeneinander liegenden Ästen.

• **Harzreste** und **harzreiche Hölzer** werden mit einer Nitro-Universalverdünnung abgewaschen.

• **Bleistiftstriche** und **Markierungen** werden vor lasierenden oder farblosen Beschichtungen entfernt (z. B. durch Schleifen).

• **Putzreste, Mörtelreste** und **Verschmutzungen** werden porentief gereinigt.

• Neue, unbehandelte **Holzbauteile, die länger als vierzehn Tage der Witterung ausgesetzt waren**, haben eine bereits geschädigte Oberfläche, die keine gute Verankerung der Beschichtungen ermöglicht. Deshalb muß die gesamte Holzoberfläche mit feinem Schleifvlies oder Schleifpapier angeschliffen werden.

• **Gehobeltes Holz** erhält eine gleichmäßige Oberfläche durch leichtes Anschleifen mit feinem Schleifpapier.

Mit einem leichten **Zwischenschliff zwischen den einzelnen Beschichtungsgängen** werden Holzfasern entfernt, die sich durch die Feuchtigkeit aus der Beschichtung hochgestellt haben. Es ist jedoch darauf zu achten, daß die Kanten nicht durchgeschliffen werden. Da diese Stellen schon generell einen dünneren Farbfilm haben, würde sonst die Haltbarkeit der Holzbeschichtung nicht ausreichen.

Renovierung

Vor einer Renovierungsbeschichtung ist der Untergrund, also die vorhandene Beschichtung, auf **ausreichende Tragfähigkeit** zu prüfen. Dies erfolgt am einfachsten mit dem **Klebebandtest**: Ein etwa 5 cm langes, transparentes Klebeband wird fest angedrückt und ruckartig wieder abgezogen. Haftschwache Beschichtungsteile bleiben am Klebeband hängen. Andere Methoden sind die **Kratzprobe** und die **Gitterschnittprobe**. Dieser bei Lackierungen häufig angewandte Test hat auf Holz aber nur eine beschränkte Aussagekraft, da beim Schneiden nicht nur die Beschichtung eingeritzt wird, sondern auch die Holzfasern. Im ungünstigsten Fall wird so nur die Festigkeit der Holzfasern und nicht die Anhaftung der Beschichtung geprüft.

Lose, nicht mehr tragfähige Beschichtungen müssen durch Abschleifen, Abbrennen oder Abbeizen restlos entfernt werden.

Breite Holzrisse (z. B. in Fachwerkbalken) können mit artgleichem Holz ausgespänt werden. Hierbei ist besonders auf die Holzfeuchte zu achten. Mit einem zu feuchten Holz ist kein ausreichend dichter Anschluß möglich, da durch das Schwinden des Holzes beim Trocknen erneut Risse entstehen. Der Einsatz von Fugendichtungsmassen verstärkt die Gefahr des Auffeuchtens vom Holz.

Freiliegende Verschraubungen sind zu vermeiden: Schrauben und Nägel sollten versenkt und mit einem Holzdübel oder z.B. mit einer 2K-Polyurethan-Holzersatzmasse verschlossen werden. Nicht versenkte Nägel und Schrauben fördern das Eindringen von Feuchtigkeit ins Holz. Durch das Eintreiben von Nägeln und Schrauben werden die Holzfasern angequetscht und es entstehen ungeschützte Risse, wodurch Feuchtigkeit ungehindert in das Holz eindringen kann: Das Holz feuchtet sich auf. Anstrichschäden bis hin zu Fäulnisschäden sind die Folge. Besonders hoch ist diese Gefahr bei horizontalen Holzbauteilen (z. B. Handläufe), die nach der Beschichtung mit Schrauben von oben befestigt werden.

Altes Holz wird durch Anstechen mit einem Messer auf **Fäulnisschäden** geprüft. Schadhaftes Holz muß ausgetauscht werden.

Vergrautes Holz muß bis auf die gesunde helle Substanz abgeschliffen werden. Die „Silberhärchen“ sind ein Zeichen dafür, daß der Oberflächenschutz gegen UV-Strahlen nicht ausreichend war und daß Lignin angebaut werden konnte.

Holz im Außenbereich sollte nicht mit einer **Spachtelmasse** geglättet und aufgearbeitet werden. Hierdurch entsteht ein dampfsperrender Effekt, der zu Fäulnisschäden führen kann. Das gleiche gilt für dichte Beschichtungssysteme und sehr dikke, alte Beschichtungen.

Bei **Fenstern** ist auch der Zustand der Beschichtung an der Innenseite zu prüfen. Ist diese nicht mehr intakt, so kann vermehrt Feuchtigkeit in das Holz eindringen und zu Anstrichschäden wie Blasenbildung und Abblättern an der Außenseite führen. Ideal ist, wenn die Beschichtung auf der Fenster-Innenseite dampfdichter ist als die auf der Außenseite.

Der Untergrund muß **frei von Ölen, Wachsen und Polituren** sein. Sie würden die Benetzung und Haftung der neuen Beschichtung stören. Deshalb sind im Innenbereich vor allem bei Paneelen, Türen und Deckenvertäfelungen die Flächen vor der Beschichtung anzulaugen - entweder mit Salmiakwasser oder speziellen Anlaugern. Wurde die Oberfläche mit Wachs eingelassen, so ist selbst ein vollständiges Abschleifen in der Regel nicht ausreichend, um spätere Beschichtungsschäden auszuschließen. Sind Zweifel über die Art der alten Beschichtung vorhanden, sollte an einer nicht direkt sichtbaren Stelle ein Probeanstrich angelegt und auch die Haftfestigkeit geprüft werden.

Bei **klebrigen Untergründen** kann durch Überstreichen mit einem Spiritus- oder Nitrosperrgrund eine tragfähige Oberfläche erzielt werden, die dann z.B. mit Lackfarben weiterbehandelt werden kann.

Altanstriche mit chemischen Holzschutzmitteln oder **Lasuren mit PCP, Lindan oder Permethrin** können durch sogenannte „Maskierungsbeschichtungen" an der weiteren Ausdiffusion der Wirkstoffe in die Raumluft vermindert werden. Dies sind den Parkettlacken ähnliche, dichte Beschichtungen auf Basis Schellack, Polyurethan oder Polyurethan-Acryl. Wenn Zweifel bestehen, kann zumindest bei der Renovierung durch Verwendung eines wasserbasierten Parkettlacks statt einer Lasur die Diffusion vermindert werden.

Holz im Außenbereich

Maßhaltige Bauteile

Aufbau des Beschichtungssystems

Besonders bei der Beschichtung von maßhaltigen Bauteilen muß die vorgeschriebene Holzfeuchte eingehalten werden (siehe Seite 145). Für die Beschichtungen von maßhaltigen Bauteilen wie Fenster haben sich Systeme bewährt, die den Bläueschutz im Nadelholz mit einer wasserabweisenden, pigmentierten Ventilationsschicht der Grenzfläche und einem physikalischen Langzeitschutz der Oberfläche kombinieren. Die klassischen Systeme bestehen aus drei Komponenten:

- **Grundbeschichtung**
- **Zwischenbeschichtung**
- **Endbeschichtung**

1. Biologischer Schutz durch Fungizide gegen Bläue und ggf. auch holzzerstörende Pilze sowie Schimmel im Holz

Der biologische Schutz wird mit einem gut penetrierenden Bläueschutzgrund hergestellt. Mit diesem Mittel müssen auch die Innenseiten von Fenstern behandelt werden. Denn ein Fenster gilt als Gesamtbauteil und somit auch die Innenseiten als Außenbauteil nach DIN 68 800 (Holzschutz im Hochbau).

Eine unpigmentierte Grundierung hat in der Regel eine bessere Eindringung als pigmentierte Imprägnierlasuren. Sie bietet daher einen besseren, tiefenwirksamen Bläueschutz.

2. Wasserabweisende, pigmentierte Ventilationsschicht der Grenzfläche Holz

Zu diesem Zweck wird eine pigmentierte Dünnschichtlasur aufgetragen oder bei deckenden Beschichtungen eine entsprechende Zwischenbeschichtung. Sie soll das Eindringen von flüssigem Wasser verhindern aber die Abgabe von Wasserdampf aus dem Holz nicht bremsen. Bei speziellen Lasuren (z.B. Kompaktlasuren, die dampfdiffusionsoffener als echte Dickschichtlasuren sind) und Holzfarben kann diese Zwischenbeschichtung auch als Endbeschichtung eingesetzt werden.

3. Physikalischer Langzeitschutz der Holzoberfläche vor Abwitterung, Feuchtigkeit, UV-Strahlung und biologischem Angriff

Diese Schlußbeschichtung als Verschleißschicht erfolgt durch zweimaligen Auftrag einer Dickschichtlasur, Kompaktlasur oder als deckende Beschichtung mit einer Holzfarbe oder Acryllack.

Das so angewendete System ist die Umsetzung des selektiven Holzschutzes. Der Biozidgehalt der Schlußbeschichtung kann dadurch deutlich reduziert werden.

Dieses Beschichtungssystem kann sowohl mit dem Pinsel an der Baustelle als auch in der Schreinerwerkstatt oder in der Fensterfabrik im Tauch-, Flut- oder Spritzverfahren aufgebracht werden.

Beschichtungssystem für Nadelhölzer (maßhaltige Bauteile)

❶ biologischer Schutz (Fungizide) als Barriere im Holz

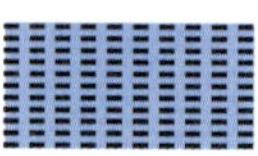
❷ wasserabweisende und pigmentierte Ventilationsschicht der Grenzfläche (Bindemittel, Pigmente)

❸ physikalischer Schutz und dekorativer Effekt (Bindemittel, Pigmente)

Es gibt auch die Möglichkeit, maßhaltige Bauteile mit einer Dünnschichtlasur als Zwischen- und Endbeschichtung (3 Beschichtungen) zu behandeln. Die wichtige Voraussetzung der ausreichenden Wasserabweisung muß allerdings auch hier erfüllt sein - was z.B. bei Imprägnierlasuren in der Regel nicht der Fall ist.

Bei exotischen Hölzern mit groben Poren können die Poren in der Regel nicht geschlossen werden. So ist beispielsweise Meranti in der Oberfläche immer uneben. Dies ist auch bei Eiche der Fall.

Pflege und Renovierung

Für die Pflege und Renovierung gilt in jedem Fall, jährlich mindestens eine Inspektion vorzunehmen. Kleine Schäden sind sofort auszubessern. Wird die Oberfläche matt oder verfärbt sich das Holz unter der Beschichtung nach dem Auflegen eines nassen Lappens innerhalb von zwei bis drei Minuten dunkel, so muß sofort renoviert werden: Intakte Anstriche leicht anschleifen und ein- bis zweimal mit einer Lasur bzw. Holzfarbe behandeln. Sind vergraute oder abgeplatzte Stellen sichtbar, so muß der gesamte Anstrich bis auf das rohe Holz entfernt werden und wie bei der Erstbeschichtung neu aufgebaut werden.

Maßhaltige Bauteile sind auch mit einer Dünnschichtlasur sehr gut zu schützen. Nur muß hier der Inspektion ein besonderes Augenmerk geschenkt werden, da der Abbau der Verschleißschicht schneller erfolgt - die Schicht ist eben dünner als bei einer Dickschichtlasur, dafür ist aber die Gefahr des Abblätterns geringer.

Bei der Renovierung von industriell endbeschichteten Fenstern und Türen sollte immer auf die **Verträglichkeit der Renovierungsprodukte mit der Erstbeschichtung** geachtet werden. Deshalb empfiehlt es sich, den Hersteller zu fragen oder, falls vorhanden, in den Fensterpaß zu schauen.

Ob eine Acryl- oder Alkydbeschichtung vorliegt, läßt sich mit Nitro-Universalverdünnung prüfen. Die Nitro-Universalverdünnung löst Acryllacke sofort an. Testbenzinhaltige Renovierungsprodukte lösen hingegen Acrylbeschichtungen nicht an. Ein weißes, acrylbeschichtetes Fenster sollte nicht mit einem weißen, lösemittelhaltigen Alkydharzlack renoviert werden. Acryllacke sind thermoplastisch und weich, Alkydharzlacke werden hart. Dies kann später zu Anstrichschäden führen. Deshalb sollten weiße oder farbige industriell **mit Wasserlack** beschichtete Fenster immer mit einem Acryllack renoviert werden.

Bei industriell **lasurbeschichteten** Fenstern ist dieses Problem nicht so gravierend, da die aufgebrachte Renovierungslasur in der Regel eine dünnere Schichtstärke als eine deckende Beschichtung aufweist. Deshalb können diese industriellen Dickschichtlasuren sowohl mit einer Acryldickschichtlasur als auch mit einer lösemittelhaltigen Alkydharzdickschichtlasur renoviert werden. Eine Dünnschichtlasur und erst recht eine Imprägnierlasur sind für solche Renovierungsarbeiten ungeeignet.

Nicht maßhaltige Bauteile

Vor jeder Holzbehandlung muß darauf geachtet werden, daß die Holzfeuchte die vorgeschriebenen Werte nicht überschreitet (siehe Seite 145).

Rohe Nadelhölzer benötigen zwingend **Bläueschutz**. Andere resistente Holzarten kommen ohne Bläueschutz aus (siehe Tabelle auf Seite 146).

Reine Imprägnierlasuren bieten in der Regel nur einen zeitlich stark begrenzten und geringen Schutz vor Schwind- und Quellbewegungen des Holzes und Rißbildung. Die Hauptwirkung liegt auf dem Biozidschutz.

Die **dekorative Gestaltung** und der **physikalische Langzeitschutz** der Holzoberfläche vor Feuchtigkeit, UV-Strahlung und biologischem Angriff erfolgt am besten durch eine zwei- bis dreimalige Beschichtung mit einer Dünnschichtlasur oder Holzfarbe. Das ist die Umsetzung des ökologischen Holzschutzes.

Beschichtungssystem für Nadelhölzer (nicht maßhaltige Bauteile)

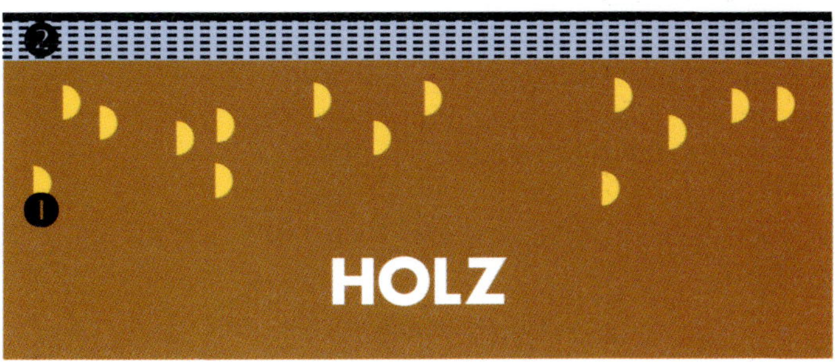

❶ biologischer Schutz (Fungizide) als Barriere im Holz

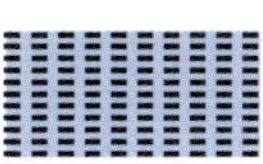

❷ physikalischer Langzeitschutz und dekorativer Effekt (Bindemittel, Pigmente)

Bei der deckenden Beschichtung von nicht maßhaltigen Bauteilen haben sich zwei Beschichtungen mit speziellen Holzfarben bewährt. Gerade bei nicht maßhaltigen Bauteilen ist wegen der Möglichkeit der verstärkten Wassereindringung auf eine besonders hohe Wasserdampfdurchlässigkeit der Beschichtung zu achten.

Bei der **Renovierung** ist der vorhandene Oberflächenzustand maßgebend. Ist die Oberfläche intakt, reicht ein Reinigen und eventuell ein leichtes Anschleifen mit einem Schleifvlies aus. Anschließend erfolgt ein ein- bis zweimaliger Lasurauftrag oder deckende Beschichtung je nach der Bewitterungsbelastung.

Sind jedoch bereits einige Holzstellen vergraut und ohne Anstrich, müssen sie bis auf das rohe Holz abgeschliffen werden. Bei bläuegefährdeten Hölzern ist anschließend mit einem Bläueschutzgrund zu grundieren und zwei- bis dreimal mit einer Dünnschichtlasur oder deckenden Beschichtung zu behandeln.

Bei einer Renovierung mit Imprägnierlasuren müssen die Hölzer ebenfalls gereinigt werden.

Eine Beschichtung blättert ab: Dies ist immer ein Zeichen dafür, daß der Untergrund nicht tragfähig ist, oder der Anstrich von der Rückseite her von Feuchtigkeit unterwandert wurde. Eine solche defekte Altbeschichtung muß bei der Renovierung vollständig bis auf das rohe Holz entfernt werden. Eine bloße Reinigung der Fläche mit Drahtbürste wäre nicht ausreichend.

Holz im Innenbereich

Im Innenbereich kann Holz an vielfältigen Stellen verbaut werden: als Decken- und Wandvertäfelungen, Türen, Möbel und Fußböden oder als massive Innenholzwand bei Holzhäusern und Blockhäusern. Das Holz wird je nach Einsatzgebiet unterschiedlich stark beansprucht, deshalb werden auch unterschiedliche Beschichtungssysteme eingesetzt.

Der physikalische Holzschutz im Innenbereich hat den Zweck, die Oberfläche mit farbigen Lasuren oder deckenden Holzfarben **dekorativ** zu gestalten und sie zugleich **schmutzabweisend** und **reinigungsfreundlich** zu machen:

• Die Oberflächen von **Möbeln** und **Tischen** sollen wasser- und alkoholfest sein, damit von Gläsern und Flaschen keine Flekken entstehen.

• **Stuhlbeschichtungen** dürfen nicht thermoplastisch sein, d.h. durch die Körperwärme weich und klebrig werden.

• Die Oberfläche von buntem **Kinderspielzeug** muß speichel- und schweißecht sein.

• Die Oberfläche von **Fußböden** muß mechanisch belastbar sein.

Da Holzbauteile ohne statische Funktion im Innenbereich generell nicht gegen holzzerstörende Organismen geschützt werden müssen (mit Ausnahme von Fenstern und Außentüren gegen Bläue), ist hier ein **chemischer Holzschutz** durch fungizide oder biozide Beschichtungsstoffe grundsätzlich nicht notwendig. Auch in Badezimmern und Küchen wird keine Luftfeuchtigkeit erreicht, die die Holzfeuchte auf die kritischen Werte von über 20% steigen ließe.

Eine lange Haltbarkeit des Holzes und schimmelfreie Räume werden vielmehr durch andere Maßnahmen erreicht:

• ausreichender Luftaustausch, mindestens dreimal am Tag,

• Vermeidung andauernder Feuchtigkeitsansammlung durch direkten Wasserkontakt,

• Verzicht auf wasserdampfdichte Anstriche wie Bootslack oder Klarlack,

• keine Kältebrücken.

Tragende Holzbauteile in bewohnten Räumen sollten in der Regel so konzipiert sein, daß auch diese ohne einen klassischen chemischen Holzschutz auskommen.

Je nach Oberflächenwunsch können Hölzer im Innenbereich sowohl mit Innenlasuren und Farben als auch mit Ölen, Wachsen oder Lacken behandelt werden.

Öle und **Wachse** werden oft auf Möbeloberflächen verwendet. Dazu muß das Holz roh, sauber und feingeschliffen, ggf. mit einer Beize vorbehandelt oder bereits früher mit Öl oder Wachs behandelt worden sein. Wachse und Öle müssen sich auf der Holzoberfläche verankern können. Sie werden mit einem Pinsel aufgetragen oder einem Lappen und mit dem Lappen in kreisenden Bewegungen in die Holzoberfläche eingerieben. Das überschüssige Material muß anschließend von der Oberfläche entfernt werden. Nach dem Trocknen können die Wachsoberflächen poliert werden, um einen höheren Glanz zu erhalten.

Eine besonders schöne Oberfläche wird erzielt, wenn das Holz vorher gebeizt und mit einer porenfüllenden Flüssigkeit vorbehandelt wurde. Dann ist nur ein- bis zweimaliger Wachsauftrag erforderlich. Wird hingegen rohes Holz direkt mit Wachs

Gewachst: „Großer Kindersessel“.
Ein Werk von Jürn Ehlers aus einer 160 Jahre alten bairischen Fichte.

behandelt, sind mehrere Aufträge (vier bis fünf) notwendig, um eine gleichmäßige Oberfläche zu erhalten.

Wachshaltige Innenlasuren werden ebenfalls nur auf rohem Holz oder auf alten, bereits mit Lasuren behandelten Flächen verwendet. Auch bei diesen Lasurtypen kann die Oberfläche poliert werden.

Aus arbeitshygienischen und Umweltgründen sollten nur **wasserbasierte Innenlasuren und Innenfarben** verwendet werden. Diese Innenlasuren und Farben haben den Vorteil, daß sie später unproblematisch mit allen Lasuren oder Lacken renoviert werden können.

Dies ist bei Ölen und Wachsen nicht der Fall. Bei einigen Holzarten und weißen Farbtönen sind jedoch lösemittelbasierte Produkte geeigneter, da sie das Durchschlagen von Holzinhaltsstoffen vermeiden.

Alte, mit Klarlack oder Dickschichtlasur behandelte Flächen können nur mit einem Lack renoviert werden. Wenn für die Renovierung Innenlasuren, Wachse oder Öle eingesetzt werden sollen, muß die Oberfläche vollständig bis auf das rohe Holz abgeschliffen werden.

Soll die Oberfläche **rustikal** aussehen, wird eine farbige Lasur direkt auf das rohe Holz aufgetragen. Die Unterschiede zwischen Frühholz und Spätholz sind dann stärker sichtbar.

Wird eine **edle, fast gebeizte Oberfläche** gewünscht, so ist der erste Lasuranstrich farblos.

Wird eine deckende weiße Fläche gewünscht, so kann dies nur mit einer **Holzfarbe** oder einem **Acryllack** erreicht werden. (Eine Lasur oder Beize kann nie eine deckende Oberfläche erzeugen. Bei Weiß beispielsweise ist der resultierende Farbton immer eine Mischung aus dem Eigenton des Holzes und Weiß.)

Bei der Gefahr von **Farbdurchschlägen** muß das Holz vor der Lackieren mit einem speziellen Sperrgrund vorgestrichen werden.

Die Bretter für eine neue **Holzdecke** oder **Wandverbretterung** sollten vor der Montage gestrichen werden. Durch die spätere

Schwindung würden sonst ungestrichene Stellen an den Federn sichtbar - besonders auffällig bei farbigen Anstrichen. Ein Acryllack soll wie jede andere filmbildende, deckende Beschichtung auf diese Holzverbretterungen nur dann aufgetragen werden, wenn das Holz bereits seine Gebrauchsfeuchte erreicht hat. Wird eine Holzdecke im Sommer bei relativ hoher Holzfeuchte gestrichen und anschließend im Herbst und Winter die Heizung eingeschaltet, entweicht die Feuchtigkeit aus dem Holz, und es schwindet. Durch den Anstrich können aber die Nuten und Federn miteinander verklebt sein. Es kommt dann mitten im Brett zu Spannungsabrissen, die mehrere Millimeter breit sein können.

Das erst nach dem Einbau gestrichene Holz trocknet und schwindet. Die ungestrichenen Kanten kommen zum Vorschein.

Renovierungszyklus

Beschichtungen haben neben dem optischen und dekorativen Effekt insbesondere im Außenbereich eine wichtige Schutzfunktion. Dieser Schutz kann nur dann dauerhaft sein, wenn die Beschichtung intakt ist. Deshalb müssen Beschichtungen regelmäßig inspiziert und gewartet werden. Erst so wird eine dauerhafte Holzbeschichtung erreicht. So wie das Auto regelmäßig zur Inspektion gefahren wird, sollte auch dem Holz und der Beschichtung regelmäßige Aufmerksamkeit geschenkt werden: Imprägnierlasuren müssen in der Regel jährlich, Dünnschichtlasuren alle zwei bis drei Jahre, Dickschichtlasuren alle drei bis fünf Jahre und deckende Beschichtungen alle fünf bis sieben Jahre renoviert werden. Dies sind Erfahrungswerte, die sehr stark von der Exposition und den verwendeten Materialien und insbesondere von der fachgerechten Vorbehandlung und Verarbeitung abhängen.

Vier Faktoren bestimmen die Haltbarkeit der Holzbeschichtung und damit das richtige Renovierungsintervall.

Faktor 1: Farbton

Helle Lasuren haben ein kürzeres Renovierungsintervall als mittlere Töne.

Faktor 2: Anstrichart

Lasuren haben ein viel kürzeres Renovierungsintervall als dekkende Holzfarben.

Faktor 3: Bewitterung

Wetterseiten (Süd, West) und direkt bewitterte Holzteile, Solbänke, Glasfalzleisten von Fenstern haben ein kürzeres Renovierungsintervall als Nord-Ost-Seiten und wenig bewitterte Holzteile.

Faktor 4: Anzahl der Anstriche

Stark exponierte Stellen sollten von vornherein drei Anstriche erhalten.

Grundvoraussetzung ist, daß kein Wasser in die Holzkonstruktion eindringen kann. Die Kanten müssen gerundet werden mit mindestens 2 mm Krümmungsradius. Bei scharfen Kanten zieht sich der Farbfilm durch die Oberflächenspannung weg. Die Schicht auf der Kante ist dann nicht mehr ausreichend und wird vorzeitig geschädigt. Die Holzfeuchte muß in den vorgeschriebenen Grenzen liegen.

Der richtige Zeitpunkt der Renovierung einer Holzbeschichtung läßt sich sehr leicht feststellen:

Wird ein feuchtes Tuch auf die Holzfläche gelegt und verfärbt sich das Holz unter der Lasur nach zwei bis drei Minuten dunkel, so ist die Lasurschicht nicht mehr intakt und muß schnellstmöglich renoviert werden. Wird dieser Zeitpunkt verpaßt, ist oft ein mühseliges Abschleifen die Folge.

Besonderes Augenmerk ist auf **industriell beschichtete Holzfenster** zu richten. Hier ist es, wenn sich das Holz unter der Beschichtung verfärbt, bereits zu spät. In der Regel ist dann eine aufwendige Renovierung erforderlich. Hier zählt besonders die Devise: Kleine Schäden sofort ausbessern und frühzeitig - z.B. nach 3 Jahren - einen Renovierungsanstrich durchführen - lange bevor die Gefahr von ernsten Schäden entsteht. Dann wittert die neue Renovierungsschicht ab und die alte Beschichtung bleibt geschont. Es gibt auch spezielle Pflegesets, die die Beschichtung temporär schützen. Aber auch hier sind Renovierungsanstriche unumgänglich.

Farbige Lackierung

Soll beispielsweise eine Tür farbig lackiert werden, sind die Vorarbeiten sehr sorgfältig auszuführen. Jede Unebenheit wird nämlich später deutlich sichtbar - bei hochglänzenden Flächen stärker als bei seidenglänzenden.

Der Untergrund für eine glänzende Lackierung muß deshalb besonders eben sein. Dazu wird mit einer Spachtelmasse (z. B. Acrylspachtel) die gesamte Fläche abgezogen und so jede **Untiefe** gefüllt. Die herausragenden **Spitzen und Buckel** werden großflächig abgeschliffen.

Mit besonderen Vorlacken als **Grund- und Zwischenbeschichtung** wird eine gute Untergrundabdeckung und eine schöne, gefüllte Oberfläche erreicht.

Die **Schlußbeschichtung** erfolgt z.B. mit einem Acryllack. Die Qualität der lackierten Fläche hängt von der Aufbringtechnik ab. Gespritzte Flächen sind sehr glatt und geben die beste Optik. Sowohl bei gerollten als auch mit dem Pinsel gestrichenen Flächen ist eine Walzstruktur bzw. Streifenstruktur unvermeidlich. Schaumgummiwalzen oder Lammplüschwebpelz-Rollen sind ungeeignet, da sie Luftblasen erzeugen bzw. eine grobe Oberfläche ergeben, die nicht mehr ausreichend verlaufen kann. Am besten haben sich Moltopren-Polyamid beflockte Walzen oder Mohairwalzen bewährt. Pinsel mit Chinaborsten sind nur für lösemittelhaltige Lacke geeignet. Für Acryllacke werden spezielle Acrylpinsel mit Kunststoffborsten eingesetzt.

Acryllacke sind immer leicht thermoplastisch und reagieren empfindlich auf andere Werkstoffe, die Weichmacher enthalten. Vor einem Acrylanstrich sollte deshalb der **Dichtstoff** oder das **Dichtband** in der Anschlußfuge genau geprüft werden. Einige Dichtstoffe und Dichtbänder sind nämlich nicht acrylbeständig: Es kommt zu einer Weichmacherwanderung, die den Acrylanstrich klebrige wie ein Kaugummi machen kann. Die gleiche Gefahr besteht bei hydrophob eingestellten Acryllacken, die in Berührung mit Ölen und Fetten (auch Hautschweiß) kommen. **Alkydharzlacke** haben diese Neigung nicht.

Aufhellen von Holz

Holz wird im Laufe der Zeit dunkler. Durch Witterungseinflüsse kann Eichenholz bei Haustüren im bewitterten Bereich schwarz und unansehnlich werden. Wenn beschichtetes Eichenholz mit einem alkalischen Abbeizer behandelt wird oder mit Buntmetallen und Fungiziden in Berührung kommt, erfolgt auch eine Dunkelverfärbung. Wie bekommt man nun solch ein dunkles Holz wieder hell?

Bei Eichenholz beruht die Dunkelverfärbung während des Abbeizens auf einer chemischen Reaktion mit der Gerbsäure. Wird dieses Eichenholz mit **Zitronensäure, Oxalsäure** oder **Kleesalz** (Salz der Oxalsäure) behandelt, so verschwinden die dunklen Flecken. Graues Holz kann ebenfalls durch **Oxalsäure** oder **Wasserstoffperoxid** aufgehellt werden. Da diese Chemikalien nicht ungefährlich sind, sollte in jedem Fall die Gebrauchsanleitung sehr genau beachtet werden.

Holz kann aber auch dunkel, z.B. im Farbton Ebenholz, gestrichen worden oder durch Bläuepilz verfärbt sein. Diese Hölzer lassen sich mit einer chemischen Behandlung nicht mehr aufhellen. Für solche Hölzer wurde die **Maseriertechnik** entwikkelt. Nach der Prüfung der Tragfähigkeit der Altbeschichtung wird diese gereinigt. Lose und nicht tragfähige Anstriche sind zu entfernen. Vergrautes Holz ist bis auf den tragfähigen Untergrund abzuschleifen. Rohe Holzstellen bei Nadelhölzern

Möglichkeiten für das Aufhellen von dunklem Holz

angestrebter Farbton	Grund- und Zwischenbeschichtung	Endbeschichtung (Maserierung)
Kiefer	Holzfarbe Ocker	Holzlasur Kastanie oder Holzlasur Eiche
Fichte	Holzfarbe Hellocker	Holzlasur Eiche
Mahagoni	Holzfarbe Rotbraun	Holzlasur Palisander

werden mit einem Bläueschutzgrund behandelt. Anschließend wird die dunkle Holzfläche zweimal mit einer Holzfarbe in deckendem Farbton ocker, hellocker etc. gestrichen. Als Schlußbeschichtung wird nun mit einer Holzlasur, die im System zu der Grund- und Zwischenbeschichtung passen muß, die Holzmaserung eingezogen. Damit keine Ansätze entstehen, müssen große Flächen untergliedert werden. Wichtig ist, daß die Lasur in Holzmaserrichtung in einem Zug, ohne Absetzen und leicht streifig gestrichen wird. Dadurch wird die natürliche Holzmaserung imitiert. Mit diesem Verfahren können unterschiedliche Holzfarbtöne oder Lasuren angepaßt werden.

In jedem Fall empfiehlt sich, eine Probebeschichtung z.B. auf einem separaten Brett anzulegen, um die Farbwirkung zu testen.

Aufhelltechnik mit deckenden Holzfarben und maserierenden Lasuren:

Ein verwittertes Balkongeländer erhält eine schützende Beschichtung und ändert dabei seinen Farbton.

Ein Garagentor, das in 13 Jahren immer wieder dunkel lasiert wurde, wird wieder hell: nach zwei Anstrichen mit gelber Holzfarbe...

...und Maserierung mit Nußbaum-Lasur.

Modernes Fachwerk: Das ursprünglich schwarz (Balken) und weiß (Gefache) gestrichene Fachwerkhaus „Zum Kronprinzen“ in Duderstadt wurde vom Restaurator Rudolf Blank saniert und dabei ansprechend gestaltet.

Teil 4: Konkrete Anwendungen

Fachwerk

Historischer Rückblick

Fachwerktypen

Fachwerk ist die typische **germanische Bauweise** im Gegensatz zur Steinbauweise der Römer oder der Blockbauweise der Kelten. Abhängig von den Holzarten - Weichholz oder Hartholz - entwickelten sich im Laufe der Zeit **Blockbohlenweisen** oder **Fachwerkbauten** und zum Teil **Mischtypen** wie das Schwarzwaldhaus. Neben den tragenden Bauteilen und aussteifenden Funktionen wurde das Holz auch zur Zierde als **Schmuckfachwerk** ausgebildet. Hier spiegeln sich starke regionale Stile wider, sowohl in Farbgebung wie auch in der Gestaltung.

Holz quillt und schwindet durch Feuchtigkeitswechsel. Putz und Lehm haben diese starken Dimensionsänderungen nicht. Dadurch entstehen zwischen dem Holz und dem mineralischen Gefach immer **Fugen**. Hier kann das Wasser eindringen und der Wind angreifen. **Feuchteschutz** und **Winddichtigkeit** sind deshalb die wichtigsten Anforderungen, die erfüllt werden müssen.

Die unterschiedlichen Epochen haben das Fachwerk geprägt. Waren im Mittelalter die Fachwerkhäuser von außen unbehandelt, so wurde im Spätmittelalter das Holzfachwerk farbig gestaltet. Als **Anstrichmaterialien** fanden tierische und pflanzliche Produkte Verwendung, als **Bindemittel** Haut- und Knochenleime, Kasein, Öle (Leinöl) und Kalk. Zur **Färbung** wurden Ruß, braune, rote und ockerfarbene Erdfarben aus der jeweiligen Umgebung sowie tierische und pflanzliche Farben eingesetzt. Die Rezepte wurden von Generation zu Generation weitergegeben und verbessert. So bildeten sich regionale Eigenheiten in Materialauswahl, farbiger Fassung und Gestaltung heraus.

Später wurde das Fachwerk vor allem in den städtischen Regionen überputzt oder überstrichen. Der für das Holz unschädliche **Putz** aus Gips- und Kalkmörtel sollte das Holz vor Brand schützen, denn viele Siedlungen brannten durch Feuersbrünste nieder.

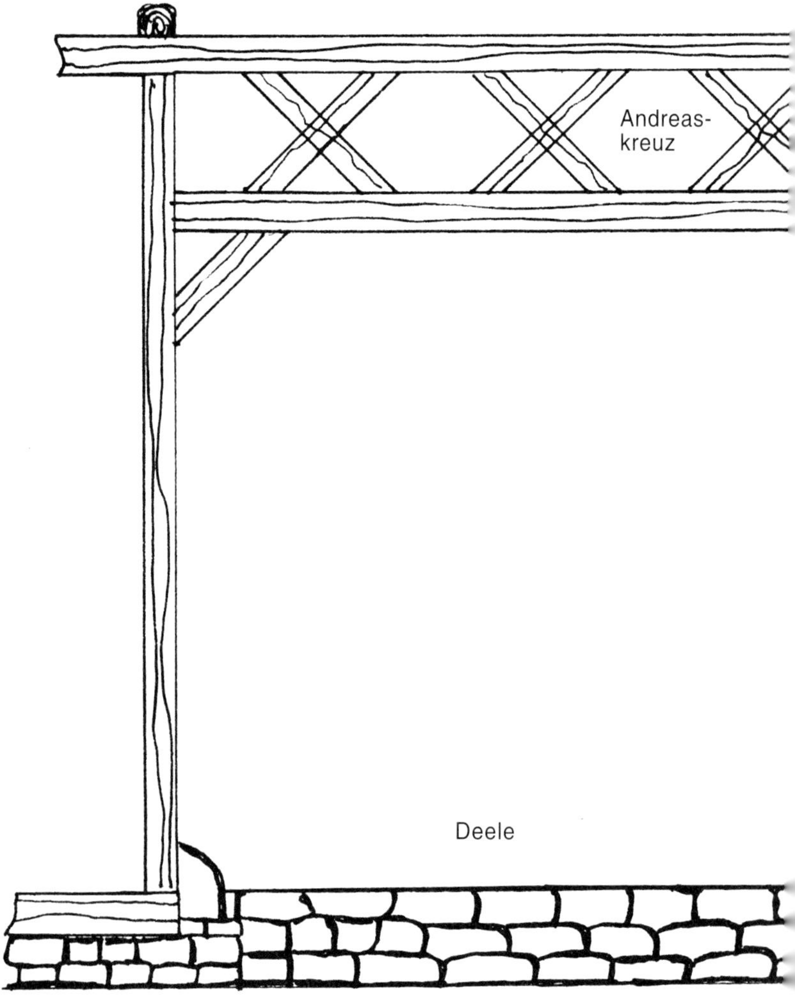
Andreas-
kreuz
Deele

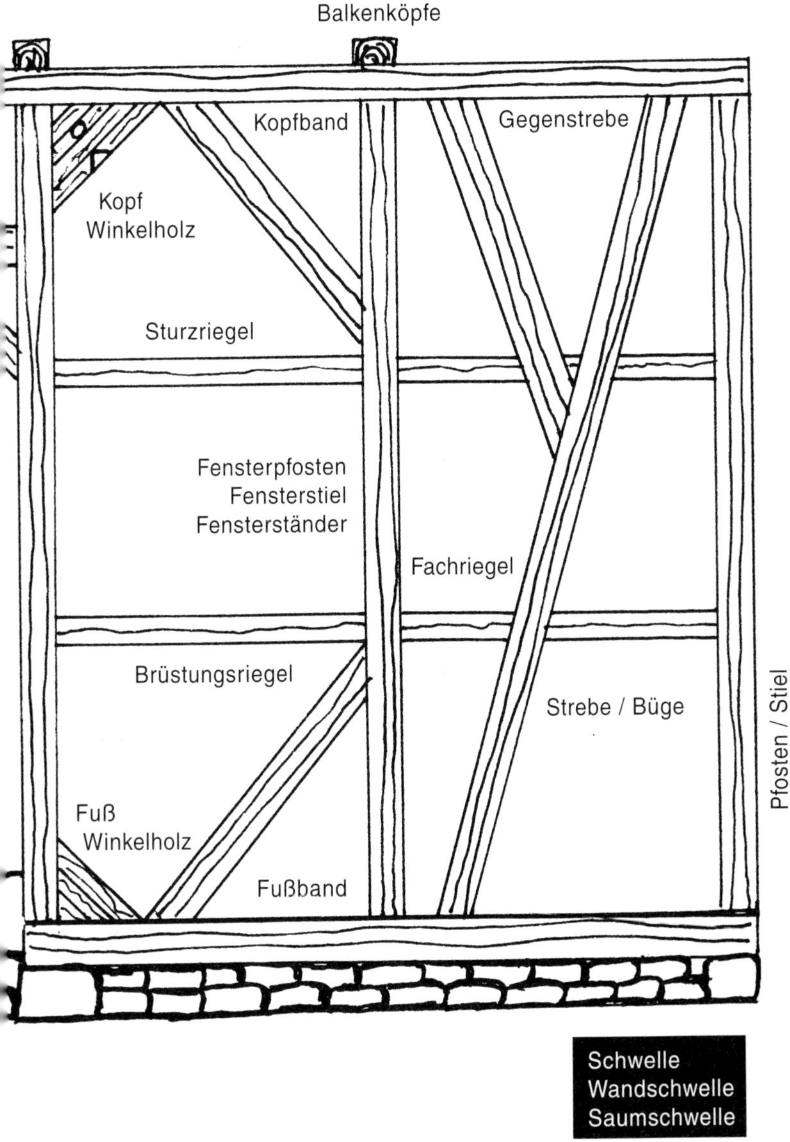
Balkenköpfe
Kopfband
Gegenstrebe
Kopf
Winkelholz
Sturzriegel
Fensterpfosten
Fensterstiel
Fensterständer
Fachriegel
Brüstungsriegel
Strebe / Büge
Pfosten / Stiel
Fuß
Winkelholz
Fußband
Schwelle
Wandschwelle
Saumschwelle

Bauweise

Das Fachwerkhaus ist im Prinzip der Vorläufer der heutigen Fertighäuser, die an einer anderen Stelle als der Baustelle vorgefertigt werden.

Auch das Holzfachwerk wurde nach der Vorplanung in der Regel nicht an dem späteren Standort des Hauses gebaut: Es wurde erst liegend am Zimmermannplatz (Abbundplatz) erstellt. Mit den **Abbundmarken**, das sind in das Holz eingekerbelte Zeichen, wurde die Zusammengehörigkeit der Bauteile gekennzeichnet. Die Abbundmarken sind ein äußerst kompliziertes System, da sie nicht nur den Anschluß der Bauteile kennzeichnen. Vielmehr geben sie einen Hinweis auf die Wand und auf die exakte Stelle in der Wand an, wohin das Holz gehört. Die Zeichnung auf den vorhergehenden Seiten veranschaulicht die Begriffe des Zimmermanns für die einzelnen Holzstäbe.

Anschließend wurden die Hölzer zum endgültigen Standort - dem Richtplatz - gebracht und dort zusammengefügt. Diese **Richtarbeit** war zwar in wenigen Tagen erledigt, benötigte aber viele Helfer (manchmal bis zu hundert), die schwere Arbeit leisten mußten. Deswegen wurde das Aufrichten des Gebäudes am Ende immer zünftig gefeiert. So entstand ein Brauch, der noch heute auf den Baustellen gepflegt wird: das **Richtfest.**

Sanierungsmethoden

Schäden durch Putz und durch Freilegen

Bei Gips- und Kalkmörteln hat das Fachwerk unter dem Putz überlebt. Die Holzsubstanz wurde erst im 20. Jahrhundert durch das Verputzen mit Zementmörteln zerstört. Selbst Eichenholz beginnt unter den dichten Zementputzen sehr schnell zu faulen.

Gefährdete Fassadenteile an der Wetterseite wurden in der Vergangenheit aber nicht nur verputzt, sondern auch mit Holz- oder Schiefer-Schindeln oder Holzverbretterungen verkleidet. Dadurch war das Haus geschützt und der Arbeitsaufwand der Erhaltung reduziert. Mit dem Rückbesinnen auf das Althergebrachte wurden viele Fachwerke in den 70er Jahren freigelegt. Die Folgen waren unübersehbar. Mit der Nutzungsänderung tauchten vollständig neue bauphysikalische Bedingungen auf.

Das freigelegte Fachwerk, jetzt ohne den baulichen Holzschutz, feuchtete sich von außen durch eindringenden Regen und von innen durch Wohnfeuchtigkeit wie Atem oder Duschschwaden auf. Die Folgen waren **Fäulnisschäden**, vor allem in den Zapfverbindungen. Das Wasser sammelte sich in den Zapfenlöchern, und von dort aus faulte sogar Eichenholz in einigen Jahren weg.

Es blieb eine dünne Holzwand mit einem intakten Anstrich stehen, und von innen war der Balken zu Blumenerde geworden. Ähnliche Schäden wie durch vermehrte Feuchtigkeitsansammlung können auch durch eine **falsche Wärmedämmung** entstehen. Wird durch die Dämmung der Taupunkt (dort, wo das gasförmige Wasser zur Flüssigkeit wird) in die Wand, also auch in das Holz verschoben, kann sich das Holz sehr stark auffeuchten. Derartige Schäden lassen sich nur durch eine genau geplante Sanierung mit entsprechenden Berechnungen verhindern.

Untergrundvorbehandlung

Bevor das Holz neu gestrichen werden kann, müssen bei einer Fachwerksanierung viele Detailfragen beantwortet werden:

• Ist der **bauliche Holzschutz** nach dem Freilegen noch ausreichend?

• Müssen die **Zapfenlöcher angebohrt** werden, damit das Wasser ablaufen kann?

• Sind die **Beschichtungen wasserdampfdurchlässig** genug?

• Gibt es bereits **Fäulnisschäden**?

Durch die Vielfalt der im Fachwerkbau verwendeten Holzarten muß der jeweilige Untergrund vor dem Anstrich sehr differenziert betrachtet werden: Die Arbeitsschritte hängen davon ab, ob das Fachwerk aus Laub- oder Nadelholz besteht und ob das Holz neu oder bereits verwittert, roh oder mit Altanstrichen versehen ist.

Nadelhölzer sind bläuegefährdet. Eichenhölzer verursachen leicht **braune Farbausläufe durch die Gerbsäure** („Eichen-

Fachwerk verfärbt Putz:
Die Alkalität der neuen Ausfachung aktiviert die bräunliche Gerbsäure im Eichenholz, die vom Regen auf den Putz ausgewaschen wird.

Putz verfärbt Fachwerk:
Nach dem Verputzen zieht das alkalische Mörtelwasser in das ungeschützte Fachwerk ein und verfärbt das Eichenholz durch dunkle Flecken.

lohe"). Die Alkalität einer neuen Ausfachung, neuer Putz und Wasserbelastung können selbst in jahrhundertealten Hölzern diese Holzinhaltsstoffe wieder aktivieren und dann nach einem Schlagregen die farbigen Ausläufe entstehen lassen. Bei anderen Holzarten kann es sich hierbei auch um andere wasserlösliche Holzinhaltsstoffe handeln. Ölhaltige oder alkydharzhaltige Beschichtungen auf den Holzbalken können durch alkalische Putz-Mörtelreste und alkalisches Wasser verseift werden.

Fachwerk ist eine Symbiose aus sehr unterschiedliche Materialien:
Holz, das arbeitet, und Putz, der starr ist. Deshalb sind Risse und Fugen zwischen Putz und Holt unvermeidbar. Durch Zwängspannungen kann Putz sogar abgedrückt werden. Darum müssen bei einer Sanierung nicht nur die Holzbalken, sondern auch der Zustand des Putzes bewertet werden.

Wie im BFS-Merkblatt Nr. 3 generell für Beschichtungen auf nicht maßhaltigen Außenbauteilen eine Prüfung des Untergrundes vorgesehen ist, gilt dies insbesondere für die Beschichtung von Fachwerkbalken. In der Tabelle auf den folgenden Seiten werden die notwendigen Untergrundprüfungen für Fachwerkbalken aufgeführt.

Untergrundprüfungen Fachwerkbalken

Prüfung auf	**Prüfmethode**
Abgewittertes, geschädigtes Holz	Augenschein
Holzfasern	Augenschein, Befühlen
Holzrisse*, Abrisse	Augenschein
Gerissene, lose oder faule Äste	Augenschein, mit Messer o. ä. auf Festigkeit überprüfen
Harzgallen, Harzaustritt**	Augenschein
Holzfeuchte	Augenschein, Messen mit Feuchtigkeitsmeßgerä
Bläuepilzbefall	Augenschein
Fäulnis durch holzzerstörende Pilze	Augenschein, mit Messer o. ä. auf Festigkeit prüfen

:rkennung	Technische Hinweise, Maßnahmen und Empfehlungen
'ergraute Holzoberfläche	Entfernen durch Abschleifen; Abbürsten mit Messingbürste
Rauhe Oberfläche	Entfernen durch zusätzliches Schleifen - auch nach der Grundierung
:olzrisse, usrisse	Je nach Art und Umfang der Risse: Holzteile auswechseln lassen oder ausspänen
ste sind beweglich der brechen aus	Je nach Art und Umfang der Schäden: lose und faule Äste entfernen und ausdübeln lassen
lebrige Harzausscheidungen	Ggf. holztechnisch entfernen lassen; kleinere Stellen mit Nitro-Universalverdünnung auswaschen, ggf. erhitzen
:asse Flecken, Meßwerte in iindestens 5 mm Tiefe gemessen ürfen bei Nadelholz 15% und bei aubholz 12% nicht überschreiten	Austrocknen lassen, warten, bis die Holzfeuchte auf den zulässigen Wert abgesunken ist oder notfalls ein diffusionsoffeneres Beschichtungssystem vereinbaren; in jedem Fall Feuchte-Ursachen beseitigen lassen
läuliche bis schwarze erfärbungen	Schleifen, Bläueschutzgrundierung auf rohem Holz vorsehen, um weiterem Wachstum vorzubeugen
aules oder befallenes Holz bricht n, Würfelbruch im Holz, ggf. chtbare Fruchtkörper	Faule und befallene Holzteile entfernen lassen, ggf. das gesamte Holzbauteil auswechseln und Feuchte-Ursache beseitigen lassen

Untergrundprüfungen Fachwerkbalken (Fortsetzung)

Prüfung auf	Prüfmethode
Tragfähigkeit vorhandener Beschichtungen	Kratzprobe mit Messer o. ä.
	Gitter- oder Kreuzschnitte
	Klebebandtest; ca. 5 cm langes transparentes Klebeband fest andrücken und ruckartig abziehen
Beschichtungsrisse	Augenschein
Kreidung der Altbeschichtung	Augenschein, Abwischen mit kontrastfarbenem Tuch
Verschmutzungen	Augenschein, Abwischen oder Abwaschen
	Benetzungsprobe
Dispersionslackfarbe oder Alkydharz- oder Ölfarbe	Benetzen mit Nitro-Universalverdünnung
Schichtdicke bei Altbeschichtungen	Anritzen
Anhaftende Mörtelreste, Alkalität des Holzes	PH-Wert messen

* Hinweis: Holzrisse lassen sich anstrichtechnisch nicht beseitigen, Holzersatzmassen können die Quell- und Schwindbewegungen nicht auffangen

rkennung	Technische Hinweise, Maßnahmen und Empfehlungen
bsplittern oder Abheben bei ıäßigem Kraftaufwand	Entfernen nicht tragfähiger Beschichtungen
usbrüche an Schnittpunkten	
aftschwache Beschichtungsteile eiben am Klebeband kleben	
rakeleerisse, netzartige eschichtungsrisse	Entfernen der gerissenen Beschichtung
bfärbende Pigmente	Entfernen durch Abwaschen oder Schleifen
erschmutzter, unsauberer eschichtungsuntergrund	Reinigen durch Abwaschen, Abbürsten oder Abschleifen
bperlen des Wassers ei wachshaltigem oder liconverseuchtem Untergrund	Entfernen mit Chemikalien (Silikonentferner); Beratung einholen
ispersionsfarben und ispersionslackfarben erden stark angelöst; lkydharz und Ölfarbe schwach	Weiterarbeiten im gleichen System oder auf Dispersionsholz-farben umsteigen
it Lupe Schichtenfolge etrachten	Bei dicken Beschichtungen vollständig entfernen
it Wasser benetzen; färbt rotes ackmuspapier blau sowie ırbloses Phenolphthalein rot	Mörtelreste entfernen, Balken reinigen, Alkalireste können Ölfarben und Alkydharze verseifen

** Hinweis: Harzausscheidungen lassen sich anstrichtechnisch nicht beseitigen!
Dunkelgetönte Beschichtungen vermeiden!

Stark verwitterte, von **Moderfäule** befallene Hölzer mit **Würfelbruch** sind mit einem Haubeil (Dechsel) oder maschinell mit einer Holzfräse bis auf das gesunde Holz zu entfernen. **Breite Risse** (über 8 mm) und **klaffende Holzverbindungen** sind mit artgleichem Holz auszuspänen. **Zerstörtes Holz** muß ausgewechselt werden, zum Beispiel durch Anschuhen. Zu **dünne abgebeilte Balken** müssen aufgedoppelt werden (Mindestholzstärke 40 mm). **Horizontale Holzoberflächen, Vorsprünge, Deckenlagen, Abdeckungen** usw. müssen eine Ablaufneigung für das Regenwasser weg von der Fassade haben. Das Wasser darf auf keinen Fall in die Fassade geführt werden. **Nägel** sind vollständig zu entfernen.

Verschmutzungen der Fachwerkfassade wie Staubablagerungen oder verwitterte Beschichtungen sind trocken mechanisch per Hand oder maschinell abzubürsten. Es ist darauf zu achten, daß der Putz nicht beschädigt wird, da er direkt an das Holz angrenzt und in der Regel sehr weich ist. Vom Einsatz eines Hochdruckreinigers oder Hochdruck-Dampfreinigers ist abzuraten, da die Fassade stark durchnäßt und durch den Wasserdruck beschädigt wird. In Hohlräumen und Zapfenlöchern angesammeltes Wasser kann in der Regel nicht in ein paar Tagen austrocknen - Feuchteschäden sind die Folge.

Ein **Altanstrich** wird vollständig entfernt. So wird der Gefahr vorgebeugt, daß zukünftig zu dicke Schichten die Dampfdiffusion (Entfeuchtung des Holzes) verringern. Bewährt hat sich das Ablösen der alten Farbschichten mit einem Heißluftgerät. Bei diesem Verfahren ist es möglich, auch dicke Anstrichschichten in einem Arbeitsgang zu entfernen. Das Ablösen der Altanstriche durch Abbeizmittel ist nur bedingt geeignet. Es ist gründliches Nachwaschen erforderlich, was zusätzliche Feuchtigkeit in das Fachwerk bringt. Bleiben Abbeizreste auf dem Holz, so werden die nachfolgenden Beschichtungen beeinträchtigt. Ein Entfernen ist ebenfalls mit einer speziellen Fachwerkfräse oder Trockenstrahlen mit weichem Strahlgut möglich.

Grundbeschichtung

Alle rohen Nadelhölzer, aber auch altes saugfähiges Eichenholz, sind mit einem **bläueschützenden Holzschutzgrund** zu behandeln. Im Streichverfahren sollten alle erreichbaren Holzoberflächen, und zwar vor der Neuvermauerung bzw. vor neuem Verputz, auch die im Gefach liegenden Flanken behandelt werden.

Bei der Grundierung ist eine Filmbildung zu vermeiden, die als geringer Oberflächenglanz zu erkennen ist. In solchen Fällen muß die Grundierung vorher nach den Angaben des Herstellers verdünnt werden oder die Filmschicht hinterher durch Anschleifen zerstört werden. Intakte Beschichtungen dürfen in keinem Fall mit einem Holzschutzgrund behandelt werden.

Spachtelmassen und Holzersatz

Spachtelmassen oder Holzersatz dürfen nur in Ausnahmefällen und auf kleinsten Flächen, beispielsweise für Löcher, in denen Wasser stehen bleiben könnte, verwendet werden. Ein flächiges Auftragen verringert die Wasserdampfdurchlässigkeit so stark, daß sich das Holz unter dieser Schicht auffeuchten und faulen kann. Das Wasser darf im Holz aber nicht eingesperrt werden. Holzersatz- und Spachtelmassen, die nicht den Holzbewegungen und dem Feuchtehaushalt des Holzes angepaßt sind, dürfen nicht eingesetzt werden. Das gleiche gilt auch für mineralische Mörtel, thermoplastische Spachtelmassen, Acrylkitte u.a, die in der Vergangenheit nachweislich zu erheblichen Feuchte- und Fäulnisschäden im Fachwerk geführt haben.

Die Fugen zwischen Gefach und Holz sollten nicht abgedichtet werden. Da keine hundertprozentige Abdichtung möglich ist, würde ein Dichtstoff nur Feuchtigkeit einsperren und die Dampfdiffusion verringern. Auffeuchtung und Fäulnisschäden wären die Folgen.

Zwischen- und Schlußbeschichtung

Als **lasierende** Zwischen- und Schlußbeschichtungen werden dampfdiffusionsoffene **Dünnschichtlasuren** oder die etwas mehr filmbildenden **Kompaktlasuren** verwendet. **Lösemittelhaltige Dickschichtlasuren** sperren das Holz zu sehr ab.

Die **deckenden Holzfarben** sind auf Basis von Polymerisatharzen, Reinacrylaten oder Mischungen aus Reinacrylat und Alkydharz (sogenannte Hybridsysteme) aufgebaut. Eine gute Holzfarbe erhält die Struktur des Holzes und schmiert es nicht wie mit einem dicken Plastikfilm zu. Diese modernen Werkstoffe zeichnen sich durch hohe Elastizität, Glanz- und Vergilbungsbeständigkeit sowie hohe Wasserdampfdurchlässigkeit aus. Als Deckanstriche haben sich **wasserbasierte Holzfarben** durchgesetzt. Sie sind jedoch in der Reemulgierbarkeit und Anquellbarkeit empfindlicher als Ölfarben.

In der Vergangenheit wurden vielfach **Ölfarben** eingesetzt. Die Anstriche sind aber leider nicht so haltbar wie die mit Alkyd- oder Acrylharzen. Selbstgemischte Ölfarben werden aus denkmalpflegerischen Gründen auch heute noch verwendet.

Lösemittelhaltige Alkydharzlacke sind wegen der geringen Wasserdampfdurchlässigkeit für ein Fachwerk ungeeignet. Diese harten und spröden Anstriche neigen zur Rißbildung und zum Abblättern.

Deckende Beschichtungen werden normalerweise in zwei Arbeitsgängen aufgebracht. Nicht ausgespänte schmale Risse und Vertiefungen werden mit einem langborstigen Pinsel ausgestrichen. Die Anstriche zwischen Holz und Gefach müssen sauber beschnitten werden. Silikatfarben oder Mineralfarben für den Putz bilden auf Holz eine Trennschicht, die es zu vermeiden gilt.

Richtwerte für die Beschichtung der Fachwerkstäbe

Die Fachwerk-Beschichtung muß den **konstruktiven Holzschutz unterstützen** und mit ihrer Farbgebung die **historische Gestaltung im Denkmalbereich beachten**.

Darüber hinaus muß sich die Holzbeschichtung aber auch feuchtetechnischen Bedingungen stellen, die widersprüchlich klingen:

- **hohe Wasserdampfdurchlässigkeit**
- **niedrige Wasserdurchlässigkeit**

Der **Wasserdampfdiffusionswiderstand** der Beschichtung muß also niedrig sein. Offenporige Beschichtungen, die dieses Kriterium erfüllen, lassen in das Holz aber auch Regenwasser eindringen. Die **Wasseraufnahmefähigkeit** der Beschichtung darf jedoch nicht zu hoch sein. Beschichtungssysteme, die schnelle Feuchtigkeitswechsel ermöglichen, sind zudem auch stärker mechanischen Spannungen ausgesetzt und tendieren eher zu Oberflächenrissen. Eine Beschichtung mit guter Witterungsstabilität muß deshalb eine geringe und auch während des Alterungsprozesses eine gleichbleibend niedrige Wasseraufnahme und Wasserabgabe ermöglichen.

Der Wasserdampfdiffusionswiderstand wird nach der DIN 52 615 mit dem **μ-Wert** angegeben, als eine dimensionslose, materialspezifische Kenngröße des Beschichtungssystems. Der μ-Wert einer Beschichtung sollte niedrig sein:

- Wasserdampfdiffusionswiderstand $\mu < 5000$, ermittelt nach dem Trockenbereichsverfahren (23°C, innen 2% relative Luftfeuchte, außen 50% relative Luftfeuchte).

Der **S_dH_2O-Wert** beschreibt die anstrichschichtdickenabhängige diffusionsäquivalente Luftschichtdicke in Metern und wird berechnet, indem der μ-Wert mit der Schichtdicke der Beschichtung multipliziert wird: $S_dH_2O[m] = \mu \cdot d$ (m).

- Bei Schichtdicken unter 100 μm sollte der S_dH_2O-Wert unter den empirisch festgelegten 0,5 m liegen.

Die Grafik zeigt den Zusammenhang zwischen diffusionsäquivalenter Luftschichtdicke S_dH_2O und der Anstrichfilmschichtdicke in Abhängigkeit von dem Wasserdampfdiffusionswiderstand μ des Anstrichfilms:

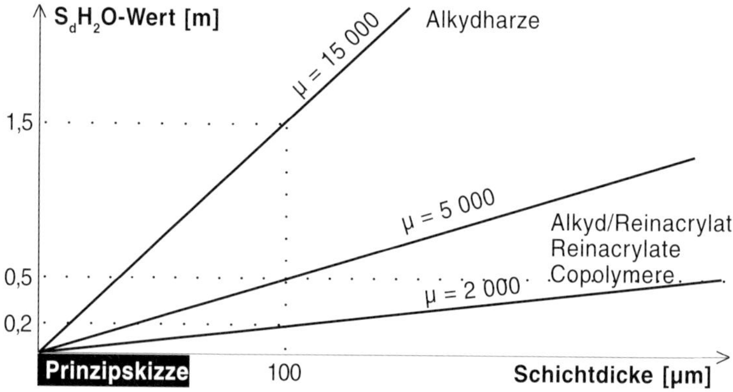

Die Konsequenz: Je dichter eine Beschichtung ist, desto dünner muß die Farbschicht sein, damit die Wasserdampfdiffusionsanforderungen erfüllt werden. Die für Fachwerkstäbe besonders geeigneten deckenden Beschichtungen müssen einen μ-Wert unter 5000 haben. Eine lösemittelhaltige Alkydharzlasur erreicht bereits mit einer Schichtstärke von 30 bis 40 μm die Obergrenze dieser Anforderung. Das sind in der Regel Dünnschicht- oder Kompaktlasuren, weniger Dickschichtlasuren. Für ein Reinacrylat z.B. wird diese Grenze erst bei einer Schichtstärke von 150 bis 170 μm erreicht. Ähnliche Werte gelten für Alkyd/Acryl-Hybridsysteme. Deshalb sollte auf die Wahl des Beschichtungssystems besonderer Wert gelegt werden, denn es gilt, ein Kulturerbe zu erhalten.

Sperrholz als Fassadenelement

Neben dem relativ unproblematischen Innenbereich werden Bausperrholzfurnierplatten heute zunehmend auch außen als Sichtverkleidung im Hausbau verwendet. Diese mehrschichtigen Sperrholz-Fassadenelemente müssen dort so eingebaut werden, daß kein Regenwasser in die Hirnholzflächen, also in die umlaufenden Kanten, eindringen kann. Dringt Wasser von der Seite in die oberste Furnierlage ein, verfärbt sich das Sperrholz unterhalb der Lasurbeschichtung dunkel.

Die Kanten werden abgeschrägt, damit das Wasser abtropfen kann. Zu ihrer horizontalen Abdichtung haben sich Winkelbleche bewährt, die das Regenwasser ableiten. Offenliegende Kanten werden wasserdicht versiegelt - am besten mit einem Bootslack oder einer Polyurethan-Streichfugendichtmasse.

Wesentliche Voraussetzung für den dauerhaften Schutz dieser Bauelemente im Außenbereich ist eine richtige Fassadenkonstruktion: Der bauliche Holzschutz muß unbedingt ein permanentes Auffeuchten und starke Wasserbeanspruchung des Materials verhindern. Bau-Furnier-Sperrholzplatten können nur mit Vorbehalt bei äußerst sorgfältiger Arbeit und niedriger Holzfeuchte beschichtet werden. Die Holzfeuchte muß (in 5 mm Tiefe gemessen) bei Nadelhölzern unter 15% und bei Laubhölzern unter 12% liegen.

Problemzone bei einer Fassadenverkleidung mit Sperrholz:
Schnittkante mit Hirnholzanteilen, die 200mal mehr Feuchtigkeit aufnehmen als das übrige Material. Durch die ungeschützten Kanten dringt Feuchtigkeit unter die Lasurbeschichtung.
Die Folge sind Risse in der Deckfurnierschicht und im Anstrich.

Konstruktionsschwächen bei Mehrschichtsperrholz an der Fassade: keine Neigung, keine Tropfnase, unversiegelte Kanten. Das Wasser bleibt auf den horizontalen Plattenkanten stehen, dringt ein und verursacht Schäden.

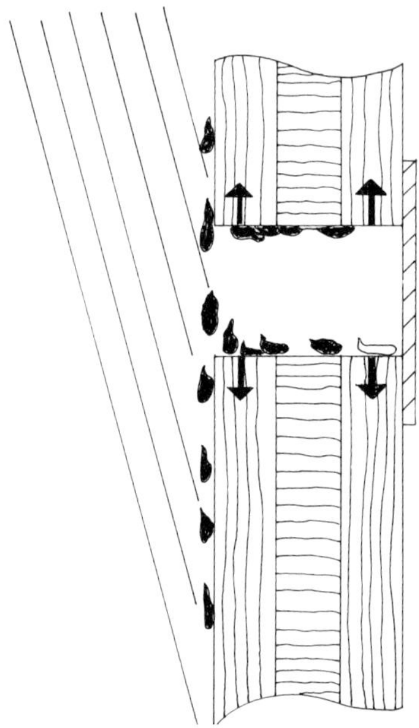

Sachgerechte Konstruktion von Mehrschichtsperrholz an der Fassade: 16° Neigung, Tropfnase, Plattenkanten mit Klarlack 3mal versiegelt, Dünnschichtlasur als Beschichtung. Das Regenwasser tropft ab, das Sperrholz bleibt trocken.

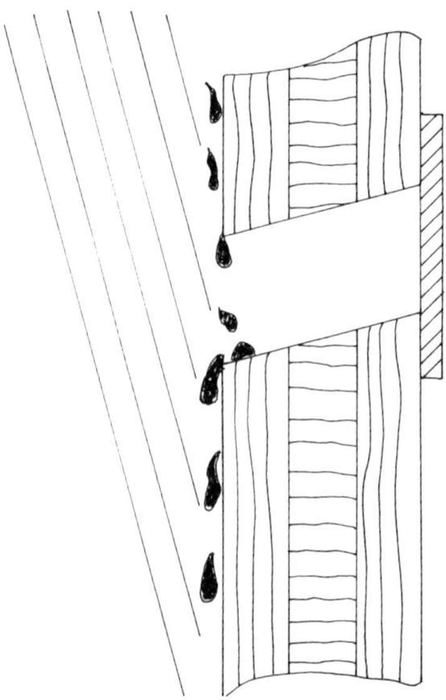

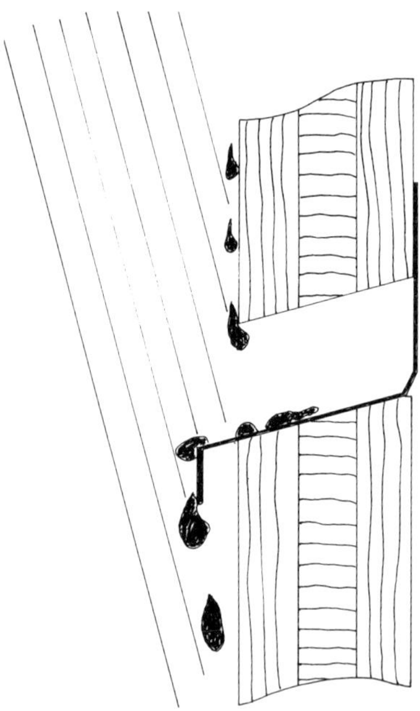

Eine Beschichtung von Bau-Furnier-Sperrholzplatten für den Einsatz im Außenbereich ist wie bei allen Holzwerkstoffen generell problematisch. Zitat aus dem BFS-Merkblatt Nr. 3:

Beschichtungen auf nicht maßhaltigen Außenbauteilen aus Holz

2.2.5 Holzwerkstoffe

Für die Außenanwendung im Bereich nicht maßhaltiger Bauteile sind Holzwerkstoffe (Furnier-, Sperrholz-, Holzspanplatten) insbesondere bei direkter Bewitterung aus beschichtungstechnischer Sicht nur bedingt geeignet.

Ein dauerhafter Schutz von Holzwerkstoffen ist bei direkter Bewitterung nicht möglich. Mangelfrei bleibende Beschichtungen auf diesen Untergründen können nicht gewährleistet werden.

Durch Feuchtigkeitseintritt und -austritt können z.B. lösliche Leimbestandteile zum Auswandern neigen und sich weiße oder farbige Flecken in und auf der Beschichtung bilden.

Sperrholzplatten sind aus Furnieren hergestellt. Bei der Außenanwendung ist davon auszugehen, daß eine wetterbeständige Verleimung vorliegt.

Bei der Herstellung können an den Oberflächen Risse entstehen, die sich bei direkter Bewitterung auch in der Beschichtung abzeichnen können. Bei direkter Sonnenbestrahlung führen die hohen Oberflächentemperaturen zu einer schnellen Austrocknung der Decklagen. Die Decklage und als Folge auch die Beschichtung darüber können reißen, so daß Feuchtigkeit in die Sperrholzplatte eindringen kann.

Beschichtung von Sperrholz im Außenbereich

Bei der Beschichtung von Sperrholz für den Einsatz im Außenbereich sind folgende Arbeitsschritte auszuführen:

• Mit einem Schleifvlies **Oberfläche anschleifen**. War das Sperrholz einige Wochen ungeschützt, muß es besonders sorgfältig angeschliffen werden, da die Holzfasern bereits vom UV-Licht angegriffen sind. Ein Durchschleifen muß jedoch vermieden werden.

• **Fehlstellen und Kanten mit 2-Komponenten-Holzersatzmassen beispachteln**.

• **Bläuegefährdete Hölzer grundieren** - mit Holzschutzgrund nach Vorgabe des Herstellers. Die Oberfläche darf nach der Grundierung nicht glänzen.

• Bei wasserlöslichen Holzinhaltsstoffen und harzreicheren Hölzern **lösemittelhaltigen Holzschutzgrund** verwenden.

• Bei weißen, deckenden Beschichtungen eine **Isolierschicht zur Verminderung von Gelbdurchschlägen** nach Vorgabe des Herstellers verwenden.

• Bei deckenden Beschichtungen die **Kanten durch zusätzliche Anstriche sorgfältig abdichten**.

• Bei Lasurbeschichtungen die **Sperrholzkanten zusätzlich vor zu starker Feuchteaufnahme schützen**, z.B. mit Bootslack.

• **Beschichtungsmittel nicht zu dünn ausstreichen.** Auf eine gleichmäßige, ausreichende Schichtdicke (Auftragsmenge des Herstellers einhalten) ist zu achten.

• **Genügend Beschichtungen auftragen:** Bei Lasuren sind in der Regel drei, bei deckenden Beschichtungen zwei Anstriche erforderlich (Vorgabe des Herstellers beachten).

• In jedem Fall muß sichergestellt werden, daß **durch die Beschichtung kein Wasser in die Sperrholzoberfläche** eindringen kann.

Typische Anstrichschäden auf Sperrholz

Durch den Einfluß der Bewitterung ist das Sperrholz gefährdet - vor allem Feuchtigkeit kann zu großen Schäden führen.

Fleckenbildung

Mögliche Ursachen:

• Feuchtigkeit ist über offene Kanten oder Fehlstellen im Sperrholz unter die Lasurschicht gewandert

• Leimdurchschläge

Risse in Faserrichtung des Holzes

Mögliche Ursachen:

• Verbreiterung der offenliegenden Holzporen

• kurze Risse an den Schnittstellen

• Quellung des Furniers und Trennung einzelner Schichten

Verblauung und Rißbildung in Faserrichtung

Mögliche Ursache:

• fehlender Holzschutzgrund und nicht ausreichend pigmentierte Lasur

Durchschlagen von Ästen und Gelbverfärbung bei weißen Anstrichen

Mögliche Ursachen:

• Harze aus dem Astbereich

• wasserlösliche Holzinhaltsstoffe

Blasenbildung in Beschichtungssystemen

Mögliche Ursachen:

• Eindringen von Feuchtigkeit, z.B. über offene Kanten

• Dampfdruck durch starke Erwärmung (dunkler Farbton)

• Leinöl-Ausgasungen aus dem Untergrund

• zu dichte Beschichtung mit ungenügender Wasserdampfdurchlässigkeit

Eine Abrißfuge als Folge von undichten Kanten und dichter Dickschichtlasur: Eindringende Feuchtigkeit führt zu Quell- und Schwindbewegungen. Die Dickschichtlasur auf der Oberfläche und der Leim an der Unterseite der Deckfurnierschicht zwängen das Furnier ein. Beim Austrocknen entsteht eine Abrißfuge, sichtbar als breiter Riß in der Deckschichtlage.

Haarrisse bei Dünnschichtlasuren: Keine breiten Abrißfugen, sondern feine Haarrisse können eine Sperrholzoberfläche beeinträchtigen, die mit einer Dünnschichtasur beschichtet wurde. Ist die lasierte Oberfläche nicht mehr ausreichend wasserabweisend, muß die Beschichtung erneuert werden. Denn sonst verstärkt sich die Rißbildung.

Senkrechte Maserung ist ungünstig: Bei vertikalem Verlauf der Holzmaserung reißt die Sperrholz-Deckschicht eher und stärker als bei einem horizontalen Verlauf. (Diese Ergebnisse stammen aus den Freilandbewitterungsversuchen der Dyrup Deutschland GmbH.)

Holz im Garten

Als natürlicher Baustoff wird Holz immer häufiger im Garten eingesetzt. Neben den fast schon traditionellen Verwendungen als **Zaun** und **Sichtzaun, Pergola, Carport** und **Balkon** wird das Holz zunehmend auch für den Bau von **Terrassenböden** und **Gartenwegen** eingesetzt. Diese Anwendung stellt an das Baumaterial hohe Anforderungen - denn hier wird das Holz häufig im direkten Erdkontakt verbaut.

Einheimische Nadelhölzer wie Fichte, Tanne, Kiefer, Lärche und Douglasie haben bei Erdkontakt nur eine begrenzte Haltbarkeit von etwa sechs Jahren, resistente Holzarten wie Bangkirai halten deutlich länger. Durch einige Maßnahmen kann jedoch die Lebensdauer des verbauten Holzes verlängert werden. Dazu gehören:

- **bauliche Vorsorgemaßnahmen**
- **Holzpflege**
- **Kesseldruckimprägnierung von Nadelholz**

Die im **Kesseldruckverfahren** eingebrachte Imprägnierung schützt das nicht resistente Nadelholz bis in die Tiefe und das bis zu 20 Jahren vor dem Zerfall durch biologische Angriffe. So erreicht das Holz eine Haltbarkeit wie die natürlichen resistenten Holzarten. Die Holzoberfläche wird im Farbton salzgrün oder echtbraun eingefärbt. Die werkseitig ausgeführte Kesseldruckimprägnierung muß dem Kunden vom Holzlieferanten bestätigt werden.

Neben den **baulichen Holzschutzmaßnahmen** (siehe S. 70 bis 78) muß bei direktem Bodenkontakt z.B. durch den Unterbau einer kapillarbrechenden Schicht (Kies) die Bildung von

Staunässe verhindert sowie ein leichtes und schnelles Ableiten des Regenwassers von der Holzoberfläche ermöglicht werden.

Nach der vollständigen Austrocknung der Imprägnierung kann das Holz mit **Imprägnierölen, -lasuren oder Dünnschichtlasuren** gepflegt oder im Farbton verändert werden. Die Holzoberfläche wird dadurch wasserabweisend, die Rißneigung und der Befall mit Algen und Schimmel werden vermindert.

Durch die Oberflächenbehandlung ist jedoch nur ein zeitlich begrenzter Schutz gegeben, so daß die Hölzer regelmäßig je nach Belastung ein- bis zweimal im Jahr nachbehandelt werden müssen.

Da diese Öle und Lasuren keine dicke Schicht wie Parkettlacke bilden, sondern nur einen dünnen Film, sind sie am Fußboden im Laufbereich schnell abgetreten. Je größer der Farbunterschied zwischen dem Holz und dem Anstrich ist, desto schneller ist die Laufspur sichtbar und muß rechtzeitig nachbehandelt werden. Dies gilt auch für resistente Hölzer.

Baulicher Holzschutz bei Pfählen: Dach gegen Regenwasser, Kies gegen Staunässe.

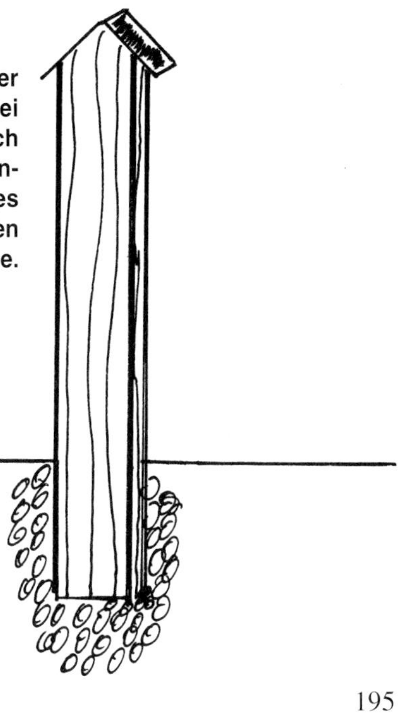

Baulicher Holzschutz bei Gartenwegen: Kiesschüttung als kapillarbrechende Schicht im Unterbau.

In jedem Fall ist zu beachten, daß gestrichene Bodenroste durch Wasser, überfrierende Nässe und Schnee extrem glatt werden können. Wege, die regelmäßig begangen werden, sind deshalb mit Bedacht zu behandeln. Es besteht sonst eine große Verletzungsgefahr.

Für **Konstruktionshölzer ohne Erdkontakt** ist eine Kesseldruckimprägnierung nicht unbedingt erforderlich. Bei einheimischen Nadelhölzern wird ein selektiver Holzschutz aufgebaut, beginnend mit dem Auftragen (Streichen oder Tauchen) eines Holzschutzgrunds. Danach wird der physikalische Holzschutz (UV- und Wetterschutz) durch pigmentierte Lasuren oder Holzfarben hergestellt. Dickschichtlasuren wären hierfür ungeeignet, da sie zum Abblättern neigen. Hirnhölzer werden von unten z.B. mit einem Klarlack versiegelt.

Auch hier gilt der Grundsatz: Baulicher Holzschutz hat vor dem chemischen Holzschutz Vorrang! Und die Verwendung von natürlich dauerhaften Hölzern kann den Einsatz der chemischen Wirkstoffe reduzieren. Bei der Wahl der Beschichtungsmittel sollte darauf geachtet werden, daß sie den selektiven Holzschutz ermöglichen. Die Endbeschichtung sollte nur die Funktion des physikalischen Schutzes erfüllen und keine oder nur minimale biozide Zusätze enthalten. Es soll auch erwähnt werden, daß die Verwendung von Carbolineum verboten und Altöl als Holzschutzmittel ein großer Umweltfrevel ist, da es große Mengen von Wasser verseuchen kann.

Ein **Algenbefall** ist davon abhängig, wie lange die Feuchtigkeit auf der Holzoberfläche verbleibt. Werden durch Sträucher und Bäume der Luftaustausch und die Sonneneinstrahlung eingeschränkt, so ist zwangsläufig mit Vergrünen zu rechnen.

Bei dem Versuch, die grüne Schicht mit einem Hochdruckreiniger zu entfernen, werden die Sporen immer tiefer in das Holz hineingepreßt. Die Folge ist ein immer schnellerer und stärkerer Bewuchs. Deshalb sollten die Sporen mit einem Antipilzmittel (z. B. quaternäre Ammoniumverbindung) vor dem Reinigen abgetötet werden. Einige dieser Mittel sind jedoch fischtoxisch. Blumen und Pflanzen werden zwar nicht geschädigt, wenn aber das Wasser in einen Teich laufen kann, können die Fische sterben. Deshalb sind vor der Anwendung sorgfältig die Verarbeitungshinweise zu beachten.

Bienenbeuten

Als vor über dreißig Jahren die ersten Holzschutzlasuren auf den Markt kamen, haben damit einige Imker auch ihre Holzbeuten (Bienenhäuser) gestrichen. Das Holz sollte chemisch geschützt und zugleich farbig, dekorativ und schön gestaltet werden. Der Schock kam, als kurz danach die Bienenvölker eingingen. Zuerst wurde an eine neue Bienenkrankheit gedacht, denn es gab auch mit Holzschutzlasuren gestrichene Holzbeuten, bei denen nichts passierte. So ging man der Sache auf den Grund und stellte fest, daß diese Holzschutzlasuren keine schädlichen Auswirkungen hatten, weil sie im Gegensatz zu den anderen frei von Insektiziden waren. Heute sind die Menschen kritischer geworden, und die Auflagen wurden verschärft:

1. Holzschutzmittel dürfen nicht verwendet werden, wenn das behandelte Holz direkten Kontakt mit Lebensmitteln bekommen kann.

2. Insektizide sind immer noch schädlich für die Bienen.

3. Aufgrund der Temperaturdifferenzen im Inneren einer Bienenbeute im Vergleich zu draußen besteht immer die Gefahr, daß Wirkstoffe aus der Außenbeschichtung nach innen in die Waben diffundieren können. Deshalb dürfen bei Bienenbeuten **keine chemischen Holzschutzmittel** verwendet werden - auch keine Bläueschutzmittel! Vorrangig sind gute Holzqualität und **bauliche** Holzschutzmaßnahmen.

Von innen darf man Bienenhäuser grundsätzlich nicht streichen - auch nicht mit Innenlasuren, Wachslasuren oder Holzfarben. Nur die Außenseite kann farbig gestaltet werden und einen physikalischen Holzschutz erhalten. Hierfür sind **biozidfreie Holzlasuren in mittleren Farbtönen** (Teak) oder **deckende biozidfreie Holzfarben** geeignet. Hell lasierte Nadelhölzer bleiben bläuegefährdet. In Zweifelsfällen sollte der Hersteller der Anstrichmittel oder ein Bieneninstitut konsultiert werden.

Herbizide und Pflanzenschutzmittel gelangen bereits durch die Landwirtschaft in den Honig. Es macht keinen Sinn, über den chemischen Holzschutz weitere bioaktive Stoffe in die Lebensmittel zu bringen - auch wenn der Wirkstoff der Bläueschutzmittel identisch mit dem z.B. gegen Grauschimmel bei Erdbeeren verwendeten Pflanzenschutzmittel ist.

Holzspielzeug und Spielgeräte

Kinderholzspielzeuge unterliegen besonderen Anforderungen. Bauklötze, Holzfiguren oder Holzautos sollen die Sinne eines Kindes ansprechen und möglichst bunt sein, andererseits dürfen sie das Kind nicht gefährden, wenn es daran knabbert und lutscht. Bereits 1887 wurden durch ein Farbengesetz Farbmittel wie Blei und Bleimennige, die gesundheitlich bedenkliche Pigmente anorganischer Natur enthalten, für bunte Kinderspielwaren verboten. Nach der 1974 eingeführten **DIN 53 160 „Prüfung von bunten Kinderspielwaren auf Speichel- und Schweißechtheit“** konnte geprüft werden, ob sich aus einer Beschichtung die Pigmente herauslösen lassen, Hände, Mund und Gesicht verschmieren und mit dem Speichel aufgenommen werden können. Die Hersteller haben ihre Lasuren und Holzfarben diesem **Speichel- und Schweißechtheitstest** unterzogen und die Ergebnisse auf den Gebinden deklariert. Im Zuge der Europäisierung der Gesetze und Normen wurden dieser Test und die Zertifizierung aufgehoben. Es entstand eine neue Europäische Norm, die **EN 71 „Sicherheit von Spielzeug“**, die aber genau diesen Speichel- und Schweißechtheitstest nicht abdeckt. So weisen heute die Hersteller die Speichel- und Schweißechtheit ohne eine verbindliche Vorschrift mit Bezug auf die ehemalige Norm von 1974 aus. Die EN 71 setzt andere Maßstäbe. Es wird nicht der Beschichtungsstoff separat bewertet, sondern generell das Spielzeug.

Bei der Beschichtung wird großer Wert auf den Verzicht von Schwermetallen gelegt. Die Zielsetzung der EN 71 Teil 3 ist, daß bei der Benutzung von Spielzeug die Bioverfügbarkeit von folgenden Stoffen und Mengen je Tag nicht überschritten werden:

Antimon	0,2 µg
Arsen	0,1 µg
Barium	25,0 µg
Blei	0,7 µg
Cadmium	0,6 µg
Chrom	0,3 µg
Quecksilber	0,5 µg
Selen	5,0 µg

Deshalb werden in Migrationsversuchen die obigen Elemente - sofern vorhanden - aus dem Beschichtungsstoff herausgelöst und anschließend quantitativ bestimmt. Weiter steht in der EN 71: „Diese Anforderungen berücksichtigen nicht andere Gefahren, die sich möglicherweise aus dem Gebrauch anderer chemischer Substanzen bei der Spielzeugherstellung ergeben können." Insbesondere wird hier nicht auf den Verzicht von Bioziden bei der Behandlung von Kinderspielzeug eingegangen. Bei Produkten mit dem Zeichen **„Blauer Engel"** wird der Einsatz von chemisch holzschützenden Bioziden untersagt.

Kinderspielzeug sollte mit keinem chemischen Holzschutzmittel behandelt werden. Für **Kindermöbel** gilt die Aussage entsprechend. Chemische Holzschutzmittel enthalten Biozide, die von den Kindern aufgenommen werden können.

„Holz ist ein einsilbiges Wort, hinter dem eine Welt von Wundern und Märchen steckt" (Theodor Heuss):
bunte Holzfiguren aus der Werkstatt von Margarete Ostheimer.

Oberflächengestaltung ohne chemische Holzschutzmittel: Schwingkugelhaus von Jürn Ehlers im Hamburger Spielgarten.

Besonders kritisch sind Insektizide wie Permethrin zu sehen, das als Wirkstoff bestimmungsgemäß auf das Nervensystem der Insekten konzipiert wurde. Die Wirksamkeit bei den Insekten wird sowohl über den Verdauungstrakt (oral), also durch Fressen oder Ablecken, als auch über die Atmung sowie Hautkontakt erreicht. Nun kann man dies nicht direkt mit dem menschlichen Organismus vergleichen, da Insekten anders aufgebaut sind und einen anderen biologischen Mechanismus haben.

Untersuchungen haben jedoch den Verdacht nahegelegt, daß die Nerven- und Sprachstörungen bei Golfkriegsveteranen („Golfkriegssyndrom") in sehr hohem Maße auf Pyrithroide (z.B. Permethrin) zurückzuführen sind, mit dem die Uniformen zum Schutz vor Ungeziefer und Parasiten vorsorglich behandelt worden waren.

Auch **Spielgeräte** - selbst im Außenbereich - sollten nur mit Produkten für den Oberflächenschutz (Verschleißschicht) behandelt werden, die keine chemischen Holzschutzmittel sind. Die Verwendung von natürlich resistentem Holz macht den chemischen Holzschutz ohnehin unnötig.

Falls für den Bau einer **Gartenschaukel** oder eines **Klettergerüstes**, also für Spielgeräte im Freien, bei denen die durch Fäulnis geschädigten Holzteile eine Gefährdung für Leib und

Leben darstellen können, keine resistente Holzart zur Verfügung steht, kann hier kesseldruckimprägniertes Holz verwendet werden. Um jedoch einen späteren Hautkontakt mit den Bioziden zu verhindern, sollte das Holz anschließend mit einer biozidfreien Farbe oder Lasur versiegelt werden. Wichtig ist allerdings, daß eine regelmäßige Kontrolle der Standsicherheit und der Beschichtung durchgeführt wird. Kleine Schäden müssen sofort ausgebessert werden.

Bahnschwellen oder andere Hölzer, die mit einem **Teeröl** behandelt worden sind, dürfen als Baumaterial für Spielgeräte nicht verwendet und an private Endverbraucher nicht verkauft werden. Diese Hölzer sind nachweislich krebserregend und haben deshalb weder auf einem Kinderspielplatz noch im privaten Garten etwas zu suchen.

Holzfußboden

Parkett

Erstbeschichtung

Neues, rohes Holz kann sowohl mit Parkettlack als auch mit Öl oder Wachs behandelt werden. Die daraus resultierenden Oberflächen sind jedoch unterschiedlich belastbar. **Öle und Wachse** schützen den Boden nicht vor mechanischem Abrieb und sind nicht sehr haltbar: Die Beschichtungen müssen häufig erneuert werden. Diese Mittel vermindern zwar das Eindringen von Wasser und Schmutz ins Holz, die Oberfläche wird jedoch durch die Thermoplastizität der Wachse leicht schmutzig. Für die wasserbasierten **Parkettlacke** werden mechanisch beständigere Acryl-Polyurethane und andere Harze verwendet. Höchste Festigkeit, Belastbarkeit und Lebensdauer bieten die Zweikomponentensysteme (2K) mit Stammlack und Härter.

Das Parkett mit wechselnden Holzrichtungen wird zur Einfallsrichtung des Tageslichtes gestrichen. Hierfür teilt man die Fläche in mehrere ca. 1,5 m breite Bahnen ein. Die Bahnen werden von der Lichtquelle weg gestrichen. Eine Parkettbeschichtung besteht aus mindestens drei Anstrichen, das sind ca. 200 ml/m². Fugen werden mit einer speziellen Spachtelmasse oder mit einer teigartigen Masse aus Schleifstaub und Lack geschlossen.

Streichrichtung bei der Parkett-Beschichtung

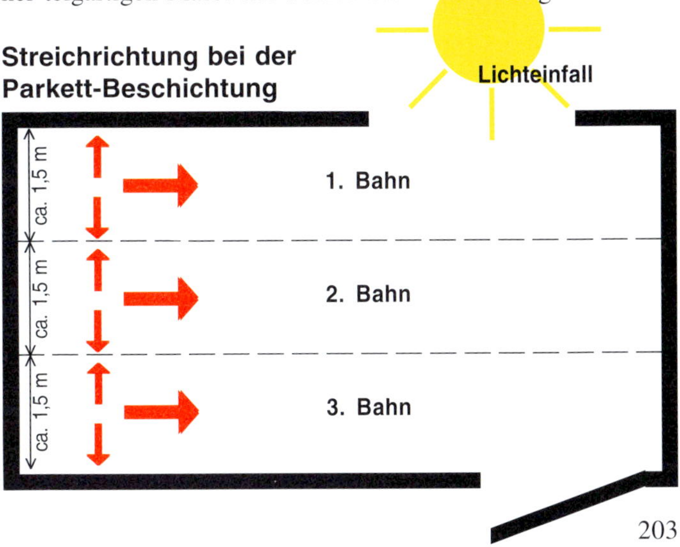

Zwischen den einzelnen Beschichtungsaufträgen muß mit feinem Schleifpapier, einem Rutscher oder einem Exzenterschleifer geschliffen und der Schleifstaub gründlich abgesaugt werden.

Schleifrichtung und Reihenfolge bei neuem, unbehandeltem Parkettboden

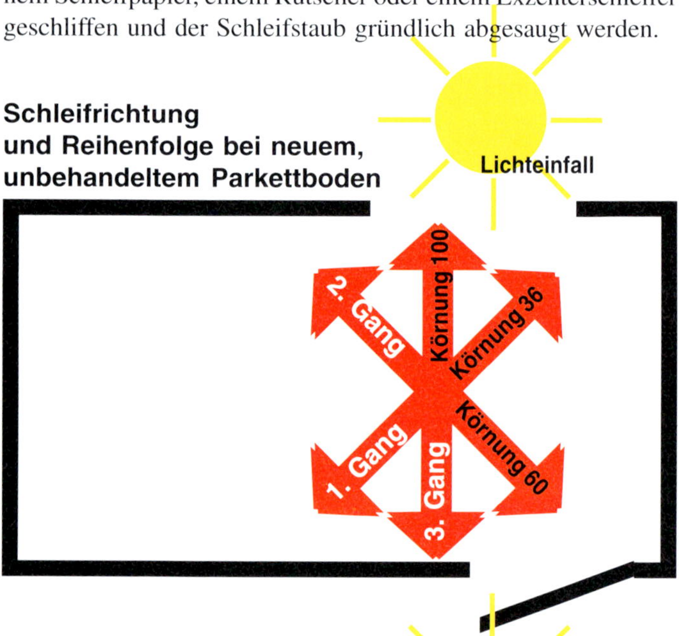

Generelle Arbeitsrichtung beim Parkettschleifen

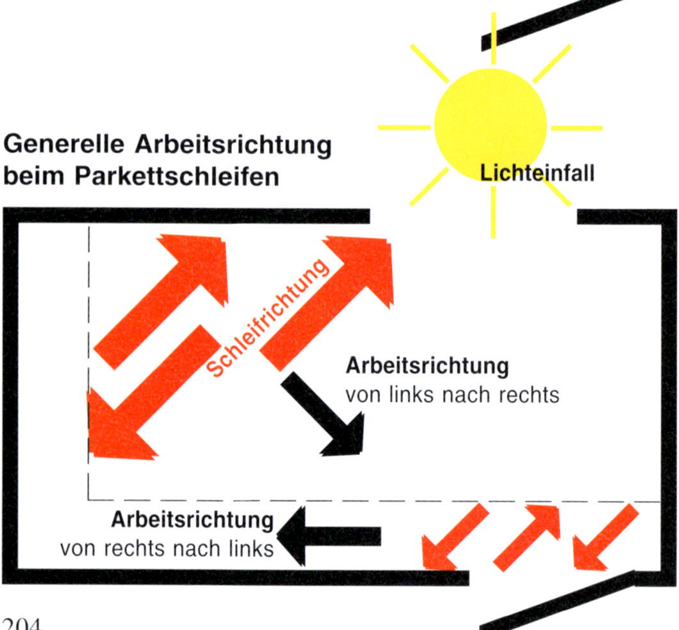

Die generelle Arbeitsrichtung beim **Parkettschleifen**: Mit der Schleifmaschine fährt man von einer Raumecke auf das Licht zu, im nächsten Schritt vom Licht weg. Dieser Vorgang wird mit mäßiger Geschwindigkeit wiederholt, bis der Boden eben und gleichmäßig geschliffen ist. Der Standstreifen wird anschließend in umgekehrter Richtung geschliffen.

Renovierung

Bei einer noch intakten Beschichtung reicht oft ein gründliches Reinigen, Entfernen von Pflegemitteln und ein leichtes Anschleifen der Oberfläche aus. Dicke Wachsschichten werden mit einer Ziehklinge abgeschabt, da Schleifpapier durch das Wachs verkleben würde.

Ist die Beschichtung nicht mehr intakt, muß sie bis auf das rohe Holz abgeschliffen werden. Dazu werden Parkettschleifmaschinen eingesetzt, die ein **großflächiges Schleifen** ermöglichen. Handbandschleifgeräte sind zum Abschleifen einer Holzbodenfläche nicht leistungsfähig genug. In Ecken, an Rändern und unter dem Heizkörper werden Rand- und Eckenschleifer eingesetzt. Anschließend erfolgt der Auftrag der Beschichtung.

Schleifgang	Holzboden neu (kein Fertigparkett)	Holzboden alt
1. Gang	Körnung 36	Körnung 24
2. Gang	Körnung 60	Körnung 36
3. Gang	Körnung 100	Körnung 60
4. Gang	entfällt	Körnung 100

Der **Schleifstaub** wird sorgfältig abgesaugt. Damit keine Riefen eingeschliffen werden, ist mit dem Wechsel zur nächstfeineren Schleifpapiersorte die Schleifrichtung nach dem dargestellten Schema auf der folgenden Seite zu ändern. Der letzte Feinschliff sollte immer in Richtung des Lichteinfalls erfolgen. Erst danach kann die neue **Versiegelung** aufgetragen werden. Zwischen den einzelnen Beschichtungsaufträgen ist ein **Zwischenschliff** mit feinem Schleifpapier erforderlich.

Schleifrichtung und Reihenfolge bei Parkettrenovierung

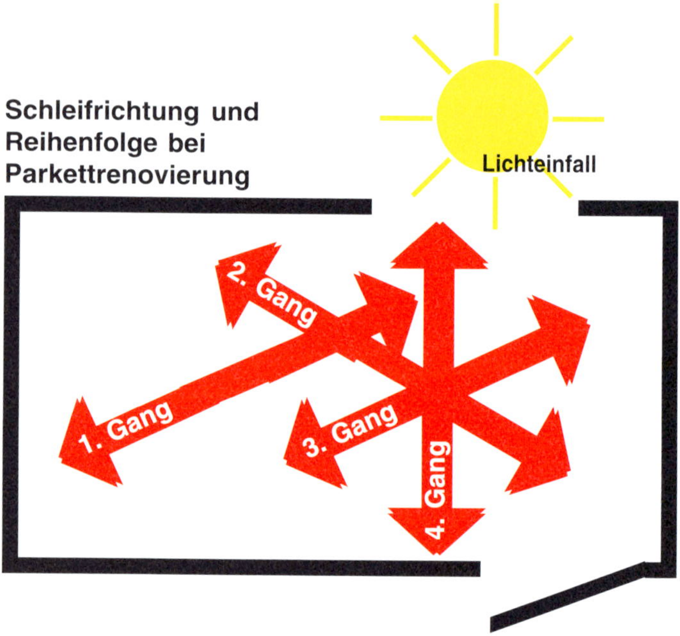

Fertigparkett ist meistens mit einer UV-härtenden Spezialbeschichtung versiegelt. Dabei befinden sich auf der Oberfläche oft Wachsanteile, die bei einer späteren Beschichtung zu Benetzungsstörungen führen können. Deshalb müssen diese Oberflächen vor einer Renovierungsbeschichtung **matt geschliffen** werden. Beim Schleifen muß auf die Holzdicke der Nutzschicht geachtet werden - die **Gefahr des Durchschleifens** ist sehr groß!

Holzdielen und Schiffsboden

Bei der Wahl eines Beschichtungsmittels für Holzdielen und Schiffsböden gelten die gleichen Kriterien wie beim Parkett. Die Beschichtung wird in der Holzfaserrichtung aufgetragen.

Wichtig bei neuen Holzdielen ist, daß sie bereits vor dem Einbau mit einer Beschichtung versehen werden. Das Holz muß sich vor der Verlegung durch mehrtägige Lagerung im Raum auf das örtliche Klima einstellen können. Hat es bereits bei der Verlegung seine spätere Gebrauchsfeuchte erreicht, entstehen nur geringe **Schwindfugen**. Je höher die Holzfeuchte beim Einbau im Vergleich zu der bei der Nutzung ist, desto größere Fugen sind zu erwarten. Durch die Versiegelung von frisch verlegtem Holz mit einem Wasserlack können die Holzteile an den Kanten miteinander verkleben. Man spricht dann von einer **Kantenverleimung**. Beim Trocknen entstehen große Spannungen, die sich vereinzelt in breiten Fugen oder Holzrissen entladen. Es liegen dann einige Bretter ohne Fuge zusammen, dann folgt eine breite Fuge usw.

Wie beim Parkett können auch bei Holzdielen die Fugen mit einer speziellen Spachtelmasse oder mit Schleifstaub, den man im Lack zu einer teigartigen Masse eingerührt hat, geschlossen werden. Eine andere Methode bei alten Holzdielen mit mindestens 5 mm breiten Fugen ist, diese gleichmäßig mit einer elastischen Polyurethanfugendichtmasse wie bei einem Teakstabdeck bei Schiffen zu verschließen. Diese Fugenabdichtung kann geschliffen und versiegelt werden. Dies ist zwar sehr arbeitsaufwendig, das Ergebnis ist aber eine schöne, fugenlose Oberfläche.

Laminatfußboden

Laminatfußböden können grundsätzlich nicht mit einem Parkettlack versiegelt und auch nicht geschliffen werden. Bei diesen Böden ist die Holzmaserung nur durch eine dünne Kunststoffolie dargestellt.

Korkboden

Mit einem Parkettlack können nur **unbehandelte Korkböden** beschichtet werden, am besten durch Aufrakeln mit einem Moosgummiflitscher.

Alte Korkbeläge müssen zur Renovierung an der Oberfläche absolut fett- und wachsfrei sein.

Industriell beschichtete Korkbeläge, die nicht matt geschliffen werden können, führen bei einer Renovierungsbeschichtung in der Regel zu Haft- und Benetzungsproblemen.

Deshalb sollte generell bei Renovierungsbeschichtungen vorher ein Anstrichversuch an einer wenig sichtbaren Stelle vorgenommen werden, um unliebsame Überraschungen zu vermeiden.

Fenster und Beschläge

VON ERICH LUTZ, ROTO FRANK AG

Da das Fenster letztlich ein fertiges Bauelement aus Rahmen, Glas, Beschlag und Dichtung ist, kann und darf sich die Oberflächenbehandlung nicht nur auf das Rahmenholz allein beschränken. Auch die Dichtstoffe müssen einbezogen und die Dichtprofile berücksichtigt werden.

Sofern die **Beschlagteile** nicht aus nichtrostenden Materialien bestehen, werden die Eisen- und Zinkdruckgußteile galvanisch verzinkt (ca. 6 µm), chromatiert (gelb) und in einer speziellen Lösung zur Steigerung des **Korrosionsschutzes** nachgetaucht. Für normale Luft- und Feuchtigkeitsverhältnisse ist diese Behandlung ein ausreichender Schutz. Mit diesem bewährten Behandlungsverfahren wird ein Mehrfaches des Korrosionsschutzes erreicht, den die RAL in ihren Bestimmungen (RAL-RG 607/3; Ausgabe Februar 1995) fordert.

Unter bestimmten Bedingungen wie Baufeuchtigkeit, aggressiver Luft und aggressiven Holzinhaltsstoffen kann es jedoch zu einer Beeinträchtigung in der Funktion kommen. Einige Beispiele aus der Praxis:

Durch die **hohe Luftfeuchtigkeit am Bau** bildet sich auf der Oberfläche der Beschlagteile u.a. auch Tauwasser. Dieses ungesättigte und damit aktive Wasser nimmt andere Stoffe auf und greift somit die Oberfläche der Beschlagteile an. Normales Wasser ist dagegen weniger aktiv.

Sehr gefährdet sind Beschlagteile auch durch Spritzer der **alkalischen und säurehaltigen Baustoffe und Reiniger**, die beim Einputzen der Fensterlaibungen verwendet werden. Das Kalziumsulfat des Putzes und des Gipses zerstört die Oberfläche der Beschlagteile. Von einer Verwendung phosphorsäurehaltiger Zementschleierentferner, die oftmals bei der Grundreinigung des Gebäudes eingesetzt werden, ist ebenfalls abzuraten.

Ebenso kann die Verwendung von **essigsauer-vernetzenden Silikonen** in Kombination mit einer mangelnden Raumlüftung zu Angriffen an der Oberfläche führen. Geeigneter sind Silikone, die gänzlich frei von Essigsäure sind **(neutral-vernetzende Silikone)**.

In Küstengebieten kommt zur Feuchtigkeit noch der **Salzgehalt der Luft** hinzu und verursacht Zerstörungen an ungeschützten Metallteilen. Die dabei entstehenden Schäden zeigen sich zunächst als Nachdunkeln der Metallteile, das bis zur Oxidation führen kann. Das Holz naturbelassener Fenster verfärbt sich dadurch.

Wie aus diesen Beispielen zu ersehen ist, liegt die Ursächlichkeit einer Beeinträchtigung neben den natürlichen Einflüssen oftmals in einem unsachgemäßen Umgang beim Einbau, Einputzen der Fenster oder in der anschließenden Grundreinigung der Gebäude. Der einfachste und sicherste Schutz gegen extreme äußere Einflüsse bietet eine **Behandlung der sichtbaren Beschlagteile (Bandseite) mit Farbe** nach Beendigung der Bau- und Reinigungsmaßnahmen. Zweckmäßigerweise wird dieselbe Farbe oder derselbe Lack verwendet, mit dem das Fensterholz behandelt wird.

Bei dieser Schutzbehandlung kommt es zu einem scheinbaren Widerspruch. Die schützende Farbe kann nämlich zugleich der größte Feind des Fensterbeschlages sein: Wird sie auf gleitende Teile unsachgemäß aufgetragen, werden die Beschlagteile verklebt und können dadurch ihre Funktionsfähigkeit verlieren.

Nun ist es zwar richtig, aber sehr einfach zu sagen, daß beim Streichen der Beschläge auf die beweglichen Teile besondere Rücksicht genommen werden muß. Denn sowohl bei der Ausführung des Anstrichs als auch bei der Schutzbehandlung mit Farbe werden in der Praxis die Überlegungen und Vorschriften aus der VOB und dem Ausschreibungstext nicht immer beachtet. Um die Gefahren, die ein unsachgemäßer Anstrich bringen kann, zu vermeiden, hat ROTO sich bemüht, bei allen Konstruktionen die gleitenden Beschlagteile möglichst so abzudecken, daß der Anstrich nicht eindringen kann. Zudem sind diese Teile mit chemischen Fetten behandelt, die den Antrich nicht annehmen.

Die Rationalisierung im Fensterbau führt mehr und mehr dazu, den **Grundanstrich im Tauchverfahren** auszuführen.

Um alle Fugen und Ausnehmungen ausreichend zu schützen, ist es richtig, die Fenster nach dem Fräsen der Ausnehmungen für die Beschlagteile in einem pigmentierten Bläue- und Holzschutzmittel zu tauchen. Dies gibt die Sicherheit, daß alle Stellen wie Beschlagausnehmungen, Haarrisse, Konstruktionsfugen vom Grundanstrich erfaßt werden. Nach dem ersten Tauchvorgang können die Fensterrahmen und Fensterflügel fertig angeschlagen werden.

Das Bläueschutzmittel soll unbehandeltes Holz vor dem möglich eindringenden Bläuepilz schützen, der zwar nicht die Holz-

Der Grundanstrich im Tauchverfahren: rationeller und umfassender Schutz für den Holzfensterrahmen.

substanz, aber doch Anstrichsystem angreifen kann. Gerissene Hirnholzoberflächen sowie feuchte Nester in den Konstruktionsfugen sind häufig der Ausgangspunkt der Braunfäule. Dringt die Tauchgrundierung ca. 5 bis 7 mm in das Holz ein, so verlieren später in das Holz wandernde Sporen in dieser imprägnierten Schicht ihre Keimfähigkeit.

Für das **Farbtauchen** ist es besonders wichtig, das geeignete Anstrichsystem zu wählen. Lackqualitäten für das Streichverfahren sind oft harzhaltig und dickflüssig. Ein **Verkleben der Beschlagteile** wäre bei Verwendung eines solchen Lackes im Tauchverfahren **unvermeidlich**. Der Fensterhersteller muß sich, wenn er auf das Tauchverfahren umstellt, mit dem zuständigen Lackhersteller in Verbindung setzen. Dieser wird ihm einen für das Farbtauchen fertig angeschlagener Fenster geeigneten Tauchanstrich empfehlen. Untersuchungen in der Versuchsabteilung von ROTO, die unter verschiedenen Bedingungen durchgeführt wurden, haben ergeben, daß ROTO-Beschläge bei der Verwendung eines **harzfreien Tauch-Grundanstrichstoffs** mit entsprechender Viskosität und Trocknungseigenschaft in keinem Fall so verkleben, daß die Funktion beeinträchtigt wird. Der Zwischen- und der Schlußanstrich müssen jedoch nach wie vor im Streichverfahren aufgebracht werden.

Die Methoden der Tauchfertiganstriche haben mehr und mehr an Bedeutung gewonnen. ROTO hat sich darauf eingestellt und Beschläge entwickelt, die ein Bearbeiten des Fensters vor dem Schlußanstrich und ein Anbringen der Beschläge danach gestattten, ohne daß die Lackschicht dabei beschädigt wird.

Entsorgung von behandeltem Holz

Neigt sich nun der zweite Kreislauf des Holzes dem Ende zu, entsteht die Frage nach einer möglichst umweltverträglichen Entsorgung: Wie kann das Holz in den natürlichen ersten Kreislauf zurückgeführt werden, ohne die Umwelt unnötig zu belasten?

Unbehandeltes Massivholz kann problemlos kompostiert, im Kamin verbrannt oder zu Holzwerkstoffen wie Spanplatten weiterverarbeitet werden. Aber wie ist es mit **beschichteten oder mit Holzschutz behandelten Holzteilen**? Kommen diese Hölzer als Produktionsabfall aus einer Tischlerei oder einer Holzfabrik, sind die Stoffe, mit denen sie behandelt worden sind, bekannt. Und je nach Stoff ist eine Aufbereitung als Holzwerkstoff noch möglich.

Anders ist es mit **altem Holz**. In der Regel läßt sich am Erscheinungsbild nicht feststellen, welche Holzschutzmittel, Beschichtungen, Pigmente, Bei- und Reststoffe sich im Lauf der Jahre im Holz angesammelt haben. Das Altholz kann sowohl PCP, Lindan, Permethrin, Chrom- und Quecksilberverbindungen als auch Bleiweiß mit hoher Bleikonzentration sowie Teeröle enthalten. Eine Wiederverwertung ist aber nur dann möglich, wenn absolute Klarheit über die verwendeten Stoffe besteht. Deshalb kann das Altholz aus heutiger Sicht nur durch die thermische energetische Verwertung entsorgt werden.

In Zukunft könnte hier ein neuer Weg beschritten werden. Bei der **Verwendung von UBA-registrierten Bläueschutzmitteln** ist über die Registriernummer eine eindeutige, nachhaltige Identifikation möglich, da diese bis zur exakten Rezeptur des verwendeten Mittels auch nach über fünfzig Jahren zurückverfolgbar ist. Wird diese Nummer am Holzbauteil (z. B. Fensterrahmen) befestigt, ist zumal die Kenntnis der Erstbehandlung gesichert. Eine andere Möglichkeit wäre, einen **Holzpaß** oder einen **Fensterpaß** einzuführen. Hier besteht allerdings die Schwäche einer exakten, unverfälschbaren Zuordnung, andererseits können so nach der Erstbehandlung auch alle weiteren Behandlungen dokumentiert werden.

Wir müssen heute Maßnahmen ergreifen, um die Probleme von morgen zu lösen und dürfen die Aufbereitung von Altlasten nicht den nachfolgenden Generationen überlassen. In diesem Sinne sollte jeder, der Holzschutz betreibt - auch der Selbermacher - über „responsible care", also ein umweltbewußtes, nachhaltiges Handeln nachdenken und dies mit Verantwortung praktizieren. Damit Holz das bleibt, was es ist: ein natürlicher Baustoff.

Informationsquellen

BFS-Merkblätter

Die BFS-Merkblätter (Bundesverband Farbe und Sachwertschutz e.V.) enthalten Technische Richtlinien für die professionelle Ausführung aller Arten von Beschichtungen. Besonders hervorzuheben sind an dieser Stelle diejenigen Regelungen, die sich auf die Beschichtungen auf Holz und sachverwandte Themen beziehen:

BFS-Merkblatt Nr. 3:	Beschichtungen auf nicht maßhaltigen Bauteilen aus Holz
BFS-Merkblatt Nr. 15:	Brandschutzbeschichtungen auf Holzwerkstoffen und Stahlbauteilen
BFS-Merkblatt Nr. 18:	Beschichtungen auf maßhaltigen Außenbauteilen aus Holz, insbesondere Fenstern und Außentüren
BFS-Merkblatt Nr. 23:	Technische Richtlinien für das Abdichten von Fugen im Hochbau und von Verglasungen
BFS-Merkblatt A:	Schönheitsreparaturen und was dazu gehört
BFS-Merkblatt B:	BFS-Leistungsverzeichnis für die Ausschreibung von Beschichtungs- und Tapezierarbeiten
BFS-Merkblatt C:	Farbe am Arbeitsplatz
BFS-Merkblatt D:	Umweltratgeber für Maler- und Lackierbetriebe

Bezugsquelle: Bundesverband Farbe und Sachwertschutz e.V., Vilbeler Landstraße 255, 60388 Frankfurt am Main

Deutsche (DIN) und Europäische (EN) Normen

06 164	DIN-Farbkarte
1052	Holzbauwerke
18 334	VOB Allgemeine Technische Vorschriften für Bauleistungen, Zimmer- und Bauarbeiten
18 355	VOB Allgemeine Technische Vorschriften für Bauleistungen, Tischlerarbeiten

18 356	VOB Allgemeine Technische Vorschriften für Bauleistungen, Parkettarbeiten
18 367	VOB Allgemeine Technische Vorschriften für Bauleistungen, Holzpflasterarbeiten
280	Parkett
4074	Bauholz für Holzbauteile
50 982 - 5	Messung von Schichtdicken
51 550	Bestimmung der Viskosität
52 161	Prüfung von Holzschutzmitteln
52 230	Festlegung des Glanzgrades
52 368	Prüfung von Spanplatten
53 150	Bestimmung des Trockengrades bei Anstrichen
53 151	Gitterschnittprüfung von Anstrichen (Haftung)
53 152	Biegversuche an Anstrichen
53 162	Prüfung von Anstrichstoffen
53 170	Verdunstungszahlen
53 176	Bindemittel von Beschichtungsstoffen
53 217	Prüfung von Beschichtungsstoffen
53 386	Bewitterung im Freien
55 936	Anstrichstoffe; Rohes Holzöl
55 943	Farbmittel: Begriffe
55 944	Farbmittel: Einteilung
55 954	Hauptbestandteile der Beschichtungsstoffe
55 988	Lasur-Transparenz
68 119	Holzschindeln, Dachschindeln
68 126	Profilbreter mit Schattennut
68 128	Balkonbretter
68 256	Gütemerkmale von Schnittholz; Begriffe
68 364	Kennwerte von Holzarten; Festigkeit, Elastizität, Resistenz
68 365	Bauholz für Zimmerarbeiten; Gütebedingungen
68 367	Bestimmung der Gütemerkmale von Laubschnittholz
68 368	Laubschnittholz für den Treppenbau; Gütebedingungen
68 370	Eiche-Schnittholz; Gütebedingungen
68 701	Holzpflaster
68 705	Sperrholz, Bau-Furnierrsperholz, Bau-Stabsperrholz

68 709	Sperrholz-Klassifikation
68 740	Paneele; Furnier-Decklagen auf Spanplatten
68 750	Holzfaserplatten
68 761 - 4	Spanplatten
68 800	Holzschutz im Hochbau
68 805	Schutz des Holzes von Fenstern und Außentüren
68 861	Möbeloberflächen
EN 152	Prüfverfahren für Holzschutzmittel (Bläue)

Beuth-Kommentare: Holzschutz DIN 68 800 (1998) (ISBN 3-410-13959-1)

Bezugsquelle: Beuth Verlag GmbH, Burggrafenstr. 6, 10787 Berlin

RAL

RAL GZ 830 Gütezeichen / Holzschutzmittelverzeichnis

Bezugsquelle: Gütegemeinschaft Holzschutzmitttel e.V., Karlstraße 21, 60329 Frankfurt am Main

DIBt

Holzschutzmittelverzeichnis (1997)
Verzeichnis der Holzschutzmittel mit allgemeiner bauaufsichtlicher Zulassung und Auflistung der Holzschutzmittel mit RAL-Gütezeichen (ISBN 3-503-04334-9)

Bezugsquelle: Deutsches Institut für Bautechnik, Kolonnenstraße 30, 10829 Berlin

Forschungs- und Tagungsberichte

20. Holzschutz-Tagung 1995, Tagungsband. Deutsche Gesellschaft für Holzforschung, Bayernstraße 57-59, 80335 München

10. WTA-Berichte 1994. Wissenschaftlich-Technische Arbeitsgemeinschaft für Bauwerkserhaltung und Denkmalpflege e.V., Ahornstraße 5, 82065 Baierbrunn

Tagungsband Holzschutzmittel, Toxikologie und Technik, Kongress 1994. W. Mücke, Institut für Toxikologie und Umwelthygiene der Technik, Universität München, Lazarettstraße 62, 80636 München

Lehr- und Vortragsmittel

Holzschutz. Folienserie des Industrieverbands Bauchemie und Holzschutzmittel e.V. (ibh), Karlstraße 21, 60329 Frankfurt am Main

Farbstoffe und Pigmente. 15. Folienserie des Fonds der Chemischen Industrie, Karlstraße 21, 60329 Frankfurt am Main

Pflanzenschutz. 10. Folienserie des Fonds der Chemischen Industrie, Karlstraße 21, 60329 Frankfurt am Main

Arbeitsblätter des Deutschen Zentrums für Handwerk und Denkmalpflege, Propstei Johannesberg, Fulda e.V.

Weiterführende Literatur

Brasholz, Anton: **Handbuch der Anstrich- und Beschichtungstechnik.** Bauverlag, Berlin und Wiesbaden 1989

Crump, Derrick: **Behandlung von Holzoberflächen.** Ravensburger Buchverlag Otto Meier, Ravensburg 1995

Clausnitzer, Klaus-Dieter: **Historischer Holzschutz im Hochbau.** Ökobuch Verlag, Staufen bei Freiburg 1990 (ISBN 3-922964-37-0)

Dahms, Klaus-Günther: **Das kleine Holzlexikon.** Wegra Verlag, Tamm 1996 (ISBN 3-921546-59-1)

Dietrichs, Prof. Dr. H. H.: **Holzkunde / Chemisch-technologische Merkblätter.** Konradin Verlag, Leinfelden-Echterdingen 1993

Falger, Uwe und Andreas Mohr: **Handbuch Massivholz.** (1995) Arbeitskreis Massivholz, Heimhuder Straße 22, 20148 Hamburg

Glasurit Handbuch Lacke und Farben. Mainzer Verlagsanstalt, Mainz 1969

Gockel, Heinz: **Konstruktiver Holzschutz.** Werner Verlag, Düsseldorf 1996 (ISBN 3-8041-1798-8)

Großmann, G. U.: **Der Fachwerkbau.** DuMont Buchverlag, Köln 1992

Hinzmann, Bruno: **Qualitätsvorschriften für die Holzindustrie.** Wegra Verlag, 1989 (ISBN 3-921546-23-0)

Leisse, Bernhard: **Holzschutzmittel im Einsatz.** Bauverlag, Berlin und Wiesbaden 1992

Scheuning: **Holzwerkstoffe.** Gottfried, Lauprecht, Bremen 1993

Schlotterhausen, Rolf: **Holzwerkstoffe.** Wegra Verlag, Stuttgart 1992 (ISBN 3-921546-20-6)

Thomassen, Thomas: **Træ og Træmaterialer.** DTI Træteknik (Dänisches Institut für Holztechnik), Richard Larsen A/S, København 1995

Weissenfeld, Peter: **Holzschutz ohne Gift?** Ökobuch Verlag, Staufen bei Freiburg 1988 (ISBN 3-922964-12-5)

Wulf, Heinrich: **Farbwarenkunde.** Müller Verlagsgesellschaft, Köln 1952

Holztechnik. BM Bau- und Möbelschreiner, Konradin-Fachzeitschriftenverlag, Leinfelden-Echterdingen 1993

Holztechnik. Europa-Lehrmittel, Wuppertal 1990

Lexikon der Anstrichtechnik. Callwey Verlag, München 1996

ROTO Fachbibliothek Band 1

Mit weit über hundert Hölzern werden alle wichtigen handelsüblichen Arten in dem handlichen, alphabetisch gegliederten Nachschlagewerk dargestellt: mit botanischer Beschreibung und Eigenschaften und als praktische Hilfe für den Verarbeiter mit Hinweisen auf Eignung und Verwendung, für Bearbeitung und Oberflächenbehandlung sowie der Warnung vor den jeweils arttypischen Holzfehlern.

Dahms, Klaus-Günther: **Das kleine HOLZLEXIKON.** 7. Auflage, Wegra 1996. 232 Seiten und 1 Poster mit 48 farbigen Abbildungen. Preis: 19,80 DM. Zu beziehen über den Buchhandel oder über die ROTO FRANK AG, Informationsabteilung, Postfach 10 01 58, 70771 Leinfelden-Echterdingen. ISBN 3-921546-59-1.

Neben der Materialbeschreibung der heute wichtigsten Holzwerkstoff-Typen (Verwendungszweck, Aufbau, Eigenschaften, Brandverhalten, Normen, Bezeichnung, Holzschutz u.ä.) befaßt sich der handliche Ratgeber mit der Behandlung und Verarbeitung des Materials. Die Anwendung im Baubereich wird ausführlich beschrieben und durch Skizzen veranschaulicht.

Schlotterhausen, Rolf: **Holzwerkstoffe. Merkmale und Verarbeitung**. 6. Auflage, Wegra 1992. 138 Seiten mit Skizzen. Schutzgebühr 16 DM. Zu beziehen über den Buchhandel oder über die ROTO FRANK AG, Informationsabteilung, Postfach 10 01 58, 70771 Leinfelden-Echterdingen. ISBN 3-921546-20-6.

Ein Nachschlagewerk für Planer und Verarbeiter: Von der Geschichte der Glasherstellung über die verschiedenen Glassorten, deren Verarbeitungstechniken und Einsatzmöglichkeiten bis hin zu Normen und Regelwerken der Glasverarbeitung wird ein umfassender Überblick gegeben, illustriert mit über 40 Abbildungen.

Achenbach, Eberhard: **Glas – Moderner Werkstoff für Fenster und Fassade.** 1. Auflage, Wegra 1995. 96 Seiten. Preis: 16,80 DM. Zu beziehen über den Buchhandel oder über die ROTO FRANK AG, Informationsabteilung, Postfach 10 01 58, 70771 Leinfelden-Echterdingen. ISBN 3-921546-60-5.

ROTO Fachbibliothek Band 6

Ein unentbehrliches Handbuch für alle Verarbeiter von Holz oder Holzwerkstoffen. Alle wichtigen Qualitätsmerkmale, Normen, Vorschriften und Produktanforderungen, die für die Qualitätssicherung wichtig sind, werden hier aufgelistet, ebenso alle Erlasse, Bestimmungen, Merkblätter und Institutionen.

Hinzmann, Bruno: **Qualitätsvorschriften für die Holzindustrie**. 1. Auflage, Wegra 1989. 124 Seiten. Schutzgebühr 12 DM. Zu beziehen über den Buchhandel oder über die ROTO FRANK AG, Informationsabteilung, Postf. 10 01 58, 70771 Leinfelden-Echterdingen. ISBN 3-921546-23-0.

Abkürzungsverzeichnis

Å Ångström (10^{-10} m, Angabe von Wellenlängen des Lichts)

AW außen wetterbeständig

B Borverbindungen (Salze)

BAM Bundesanstalt für Materialforschung und -prüfung, Berlin

BFS Bundesausschuss Farbe und Sachwertschutz e.V. (siehe S. 215)

BFU Bau-Furnier-Holz

BGA Bundesgesundheitsamt; heute → BgVV

BgVV Bundesinstitut für gesundheitlichen Verbraucherschutz und Veterinärmedizin, Berlin (ehemals Bundesgesundheitsamt)

BST Bau-Stab-Sperrholz

BSTAE Bau-Stäbchen-Sperrholz

CFB Holzschutzsalz (Chromate, Bor-Fluorverbindungen)

CK Holzschutzsalz (Chromate, Kupfer)

CKA Holzschutzsalz (Chromate, Kupfer, Arsenverbindungen)

CKB Holzschutzsalz (Chromate, Kupfer, Borverbindugnen)

CKF Holzschutzsalz (Chromate, Kupfer, Fluorverbindungen)

Cu Kupfer

DDT Dichlordiphenyltrichloräthan (Mittel zur Ungezieferbekämpfung; in Deutschland verboten)

ΔL (Δ = griech. Delta) Längenänderung

DIBt Deutsches Institut für Bautechnik (siehe S. 215)

DIN Deutsche Industrie-Norm; offiziell für Deutsches Institut für Normung e.V., Berlin)

E Erdkontakt

E1, E2, E3 Emissionsklassen der Formaldehydfreisetzung

EN Europäische Norm

g Gramm

G fungizider Zusatz gegen holzzerstörende Pilze (bei Spanplatten)

HALS UV-Schutz-Beschichtungszusatz

IF innen feuchtfest

Iv Insekten vorbeugend

LC-50-Wert Toxizitätswert (durch Inhalieren)

LD-50-Wert Toxizitätswert (durch Verschlucken)

MDF mitteldichte Faserplatte (Holzwerkstoff)

µg (µ = griech. my) Mikrogramm = 10^{-6} g

µm (µ = griech. my) Mikrometer = 10^{-6} m = 0,001 mm

nm (n = lat. nanus, „Zwerg“) Nanometer (10^{-9} m = 10 Å)

OSB Oriented Strand Board (Holzwerkstoff)

P pilzevorbeugend

PCP Pentachlorphenol (Biozid)

pH(-Wert) (lat. „potentia hydrogenii") Maßzahl für die Konzentration der Wasserstoffionen in einer Lösung: reines Wasser = 7, saure Lösungen darunter, alkalische darüber

P.Iv.W.E. Pilzen und Insekten vorbeugend, auswaschbeansprucht, Erdkontakt

PU Polyurethan (Kunststoff für kalthärtende Reaktionslacke und Klebstoffe)

RAL Kurzname, den das Deutsche Institut für Gütesicherung und Kennzeichnung e.V., Sankt Augustin, vom Reichsausschuß für Lieferbedingungen übernommen hat

RAL GZ RAL-Gütezeichen

S_dH_2O Wasserdampfdiffusionszahl

SF Holzschutzsalz (Siliconfluoride)

UBA Umweltbundesamt, Berlin

UBA-Reg.-Nr. beim Umweltbundesamt registriertes Produkt

UV ultraviolette Strahlung der Sonne

UV-A bestimmter Anteil der UV-Strahlen (320 - 400 nm)

UV-B bestimmter Anteil der UV-Strahlen (Dorno-Strahlung; 280 - 320 nm)

UV-C bestimmter Anteil der UV-Strahlen (unterhalb 280 nm)

UZ 12a Umwelt-Zeichen 12a; „Blauer Engel"

V Verleimung (bei Spanplatten)

VdZ Verdunstungszahl eines Lösemittels

VOB Verdingungsordnung für Bauleistungen

W Auswaschbeanspruchung

WTA Wissenschaftlich-Technische Arbeitsgemeinschaft für Bauwerkserhaltung und Denkmalpflege e.V. (siehe S. 217)

2K Zwei-Komponenten (Beschichtung, Lack)

Register

Die Zahlen hinter den Stichworten verweisen auf die entsprechenden Seiten, auf denen das jeweilige Stichwort erwähnt wird. Auf Seiten mit **fettgedruckten** Zahlen ist der Begriff erklärt bzw. definiert oder bildet das Hauptthema der dortigen Abhandlung.

A

B

C

I

J

K

L

M

T

U

V

W

Der Autor

Dr. Josef Theo Hein, Jahrgang 1948, Malermeister und promovierter Physiker, ist als Leiter der Anwendungstechnik der Dyrup Deutschland GmbH für einen bedeutenden Anbieter von Holzlasuren und Holzfarben in Europa tätig. Der Autor arbeitet darüber hinaus in zahlreichen Fachgremien der Branche mit: als Leiter des Arbeitskreises Bläueschutz/Holzschutz im Deutschen Lackverband, als Berater in der Wissenschaftlich-Technischen Arbeitsgemeinschaft für Bauwerkserhaltung und Denkmalpflege e.V. (WTA), beim Europäischen Lackverband für den Bereich „Europäische Bioziddirektive“ sowie als Berater bei Holzschutz und Holzbeschichtung für Fachwerkhäuser.

Sein Fachwissen und seine Erfahrungen auf den Gebieten Bauphysik, Bauchemie und Beschichtungstechnologie in der professionellen Anwendung hat der Autor in diesem Buch zusammengefaßt.